# カモノハシの博物誌

*Ornithorhynchus anatinus*

ふしぎな哺乳類の進化と発見の物語

浅原正和

# 目次

※ 2024 年 5 月、増刷に際し、初版刊行以降に発表された最新の研究成果を脚注で加えました。

# DUCKBILL はじめに

カモノハシは底知れぬ不思議さと魅力を持った生き物です。「カモノハシ」と銘打って一冊の本を書いたのは、そんなカモノハシのあらゆる側面を皆さんに届けたいと思ったからでした。カモノハシはその姿だけでなく、体の特徴や進化という観点でも“変わった”生き物ですし、人類による発見と研究の歴史も数奇な運命に満ちているのです。

本書の構成は大きく3つに分かれており、まずは1、2章でカモノハシの体や生態についてお話しします。3、4章ではカモノハシと哺乳類の進化について扱い、5章では著者による化石カモノハシについての研究成果も紹介します。6、7章ではカモノハシの発見から飼育、研究、保護活動、そしてカモノハシにまつわる第二次世界大戦中の出来事や国際外交まで、カモノハシに関わった人々のストーリーを載せています。

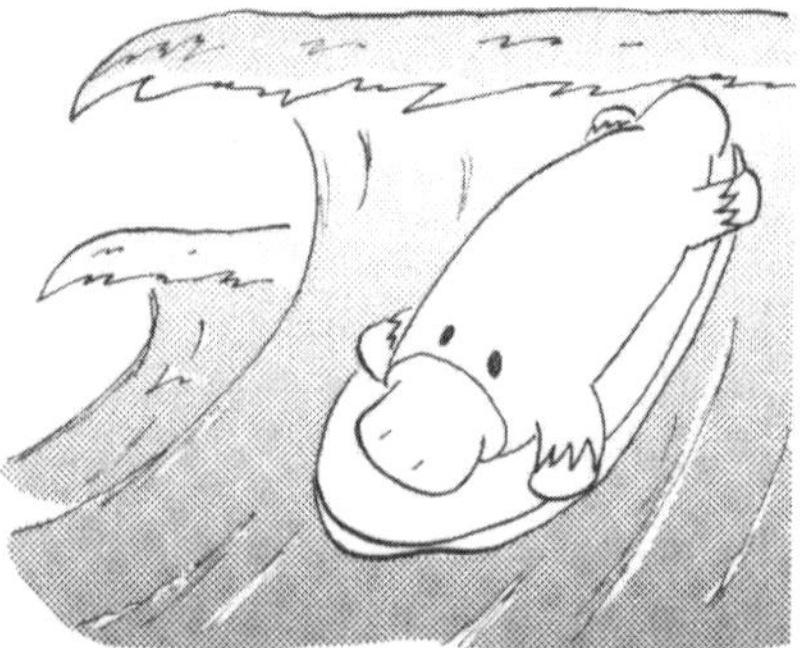

カモノハシがどんな視点で見ても興味深い生き物であることは、長年カモノハシ好きで居続けている私が保障します。ですから、どこから読み始めていただいても結構です。それでは、カモノハシの不思議な世界をお楽しみください。

著者が子どもの頃に作成したカモノハシ便せん。

# Chapter 1

# カモノハシの形態学

# 1-1 図解　カモノハシ

第1章から3章では、カモノハシという生き物についての生物学的な話をしていきます。カモノハシの大きな魅力の一つは、その姿ではないでしょうか。カモノハシがもつ、不思議な体の特徴について見ていきましょう。まずはカモノハシの全身像をお見せします。

**けづめ**
オスは後ろ足のかかとにけづめ（蹴爪）をもつ。けづめは毒腺につながっており、オス同士の争いに用いる。カモノハシ同士であれば死に至ることは通常ないようだ。メスも子どもの頃にはけづめがあるが、成長とともに抜け落ちる。

**尾**
泳ぐときは方向安定板の役割をする。尻尾を丸めて、その中に草を挟んで巣まで運ぶこともする。脂肪を蓄える場所でもある。

**総排出孔**
ふん、尿、卵の通り道は体内で合流したあと、同じ孔（総排出孔）で体外へ出す。このような総排出孔をもつのは、鳥類や爬虫類、両生類と共通する特徴である。「単孔類」という名前の由来でもある。

**後ろ足**
みずかきは前足より小さい。
つめはよりとがっている。

**卵巣**
多くの鳥類と同じく右側は未発達となる。卵は一度に2つ産むことが多い。なおハリモグラの卵巣は左右ともに発達している。

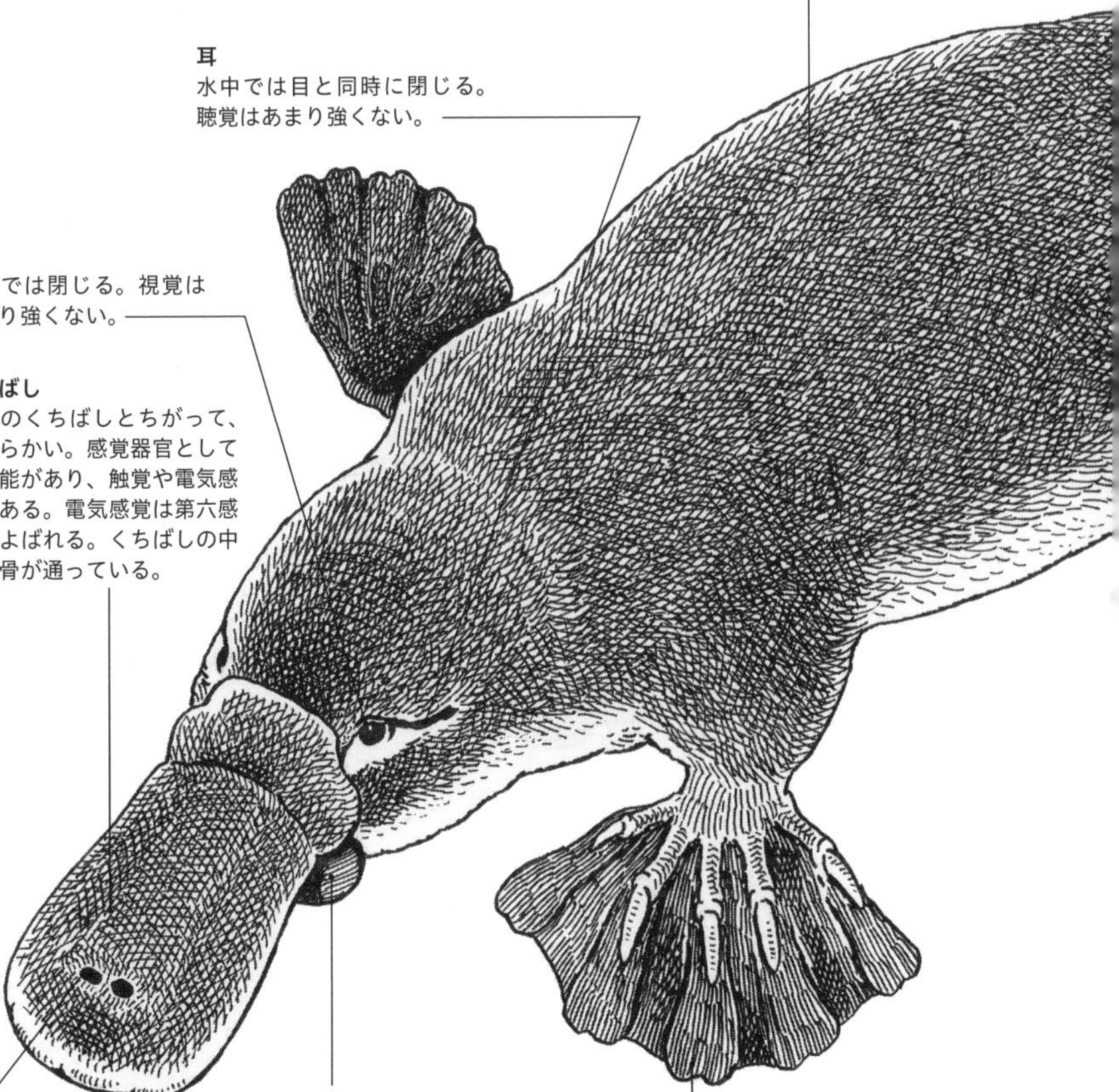

**毛皮**
水の中を泳ぐため、撥水性と保温力の高い緻密な毛でおおわれている。かつては毛皮を目当てに狩猟された。

**耳**
水中では目と同時に閉じる。聴覚はあまり強くない。

**目**
水中では閉じる。視覚はあまり強くない。

**くちばし**
鳥類のくちばしとちがって、やわらかい。感覚器官としての機能があり、触覚や電気感覚がある。電気感覚は第六感ともよばれる。くちばしの中にも骨が通っている。

**鼻の孔**
水中では閉じる。嗅覚はあまり強くない。

**口**
味覚はあまり強くない。頬袋（餌を蓄える）がある。カモノハシの成体には歯がなく、食べ物はつめと同じ素材でできた「角質板」ですりつぶす。なお子どもの頃は痕跡的な臼歯があるが、成長とともに抜け落ちる。

**前足**
みずかきは指よりも前に広がっている。歩くときは折りたたんでクッションにする。前足で土を掘るのでつめの先は丸い。

## 1-2 カモノハシの体

### カモノハシの感覚器官

ここからカモノハシの体の特徴について解説をしていきます。まずはカモノハシのトレードマークでもあるくちばしです。

カモノハシのくちばしは、一見するとカモのくちばしのようでもあり、鳥類のくちばしに似ているように見えます。しかし、その構造は大きく異なります。鳥類のくちばしは、私たちのつめと同じような角質が表面をおおっていて、硬いです。一方、カモノハシのくちばしは肉質のもので、ぶよぶよ柔らかくできています。中には骨があって、くちばしを支えています。カモノハシのくちばしは「くちばし」と名前がついていますが、どちらかというと、イヌなどの鼻の黒い部分が、口の周りまで広がったものと捉えると、より正確かもしれません。なにより、このくちばしは鋭敏な感覚器官でもあります。くちばしの表面には小さなくぼみがいくつもあります。このくぼみの奥に、感覚器官としてのくちばしを支える重要な装置が隠されているのです。

カモノハシは水の中を泳いでいるあいだ、目をつぶっています。それと同時に、目のすぐ後ろにある耳も閉じてしまいます。さらには、鼻の孔も閉じてしまいます。また、夜に活動することが多く、暗い巣穴の中で長時間過ごすことが知られています。このようなカモノハシがどのようにして外界を認識しているのか、カモノハシのもつ感覚器官を一つずつ見ていきましょう。

## カモノハシの目と視覚

カモノハシの眼は、直径6ミリと小さめです。哺乳類の中でも単孔類は脳の中で視覚を司る「視覚野」が小さめで、単孔類でも、カモノハシはハリモグラよりさらに小さいという特徴があります。また、水中で目を閉じることや、暗い穴の中で過ごすことから、カモノハシが視覚に頼っている度合いは低いと考えられています。

カモノハシは、哺乳類以前の祖先が保持していながら、ほかの哺乳類が失ってしまった遺伝子をもっています。それは光を感じるタンパク質「オプシン」の遺伝子の1種です。また、私たちヒトと同様に、2種類の視細胞（暗いところで働く桿体細胞と、色を認識するための錐体細胞）双方を保持していることが知られています。ただし、色覚はほかの多くの哺乳類と同様、青と赤の光を認識できるだけです※。私たちヒトは「光の三原色」というように、一般に青、赤、緑の3色の色を認識しますが、これは哺乳類の中では例外的なものです。この緑の色覚はサルのなかまで進化した特徴なのです。

もしかするとカモノハシは水中で目を使っているかもしれないと考えた一部の研究者は、カモノハシが本当に水中で目を開けていないか、6年間にわたって観察しましたが、水中で目を開ける行動は確認されなかったという話があります。とはいえ、カモノハシが水中で薄目を開けている写真も報告されており、まったく開けないわけではないようです。

※ 2024年には阪本詩乃氏や早川卓志博士（北大）、河村正二博士（東大）らのグループが培養細胞を用いた研究で、カモノハシとハリモグラのオプシン遺伝子の吸光波長が異なり、カモノハシはより青側の光を見ていることを明らかにしました。論文では、このことがカモノハシの祖先が水中で視覚を利用していたことと関係している可能性を、第5章に記した私の研究も引用して議論してくれています。

このように、普段は水中で目を使わないにも関わらず、カモノハシの眼球には不思議な特徴があります。イルカやラッコなど、水中でくらしている哺乳類の眼球の特徴として、角膜の表面やレンズの表面側が平たく、レンズの奥側が凸面になっているという構造が発達していることが知られています。これは水中で十分な光の屈折率を得るための適応と考えられていますが、この特徴がカモノハシの眼球にも見られるのです。水中で目をつぶっているカモノハシにとって視覚は重要ではないはずです。そのため、これはカモノハシの祖先が水中で視覚を利用した生活をしていた名残りと考えられています。このことに関しては、筆者の行った研究とともに、第5章でお話しします。

## カモノハシの耳と聴覚

カモノハシの耳は、目のすぐ後ろにあります。イヌやネコ、ヒトのように外側に出ている耳介はなく、また耳から脳に続く神経も細いなど、解剖学的特徴から見ると、聴覚はあまり重要ではないようです。

実際にカモノハシにさまざまな音程の音を聞かせて、その反応を調べた研究があります。その研究によると、カモノハシが聞こえる音域は500～20000ヘルツくらいで、中でも4000～5000ヘルツくらいが最も聞こえやすい音域のようです。ヒトの可聴域が20～

オーケストラの調音の音はよく聞こえない。

２００００ヘルツくらいであることを考えれば、低い音を聞くのがあまり得意ではないということになります。

　たとえばオーケストラが調音する音程が４４０ヘルツですが、これらの音はカモノハシにとっては音程が低すぎて、よく聞こえないと考えられます。また、ほかの哺乳類と比べた場合、単孔類は、内耳にある、音を感知するための器官「蝸牛」の長さが、体のサイズの割に小さいことが知られていて、この点からもカモノハシの聴覚はあまり発達していないといえそうです。

## カモノハシの鼻と嗅覚

　哺乳類は一般に、嗅覚に頼る傾向のある分類群です。哺乳類の祖先が、基本的に夜行性のくらしをしていたことが原因ではないかといわれています。視覚に関しては前述のとおり、多くの哺乳類が判別できるのは2色のみです。哺乳類の多くの分類群において、毛色の多様性がおもに黒から茶色のコントラストに集まっているのも、それほど色に頼って生活をしていない証しといえるでしょう。

　一方で、視覚と異なり、嗅覚は夜の暗闇でも効果を発揮します。イヌをはじめとして、私たちの周りにいる哺乳類も、においを重要なものとするくらしをしています。もしかすると、人間もそうかもしれません。私事ですが、大学院生時代、長年使った自分の布団から犬小屋のような香りがすることにふと気づきました。以前イヌを飼っていたので、イヌはなかまだと感じることもあり、そのとき感じた犬小屋のにおいを「懐かしい……」と感じたのでした。ちなみにその後冷静になり、布団を新しいものに替えましたが。

　このように哺乳類は嗅覚に依存する傾向があるのですが、原始的な哺乳類である単孔類はどうなのでしょうか？　単孔類の嗅覚をより詳しく知ることで、哺乳類の嗅覚がどのように進化してきたかを推測できるかもしれません。

　嗅覚の強さについては、鼻腔にある、においを感じる部位である「嗅上皮」の広さや、脳の嗅覚を司る部位である「嗅球」の大きさで推測できます。この嗅球のサイズはカモノハシでは小さく、ハリモグラでは大きいことが知られています。これは、カモノハシは水中で餌を探す一方、ハリモグラは陸上でアリやシロアリを探すことと関係していると考えられます。水中では餌探しににおいを利用することは困難ですが、陸上では重要な情報源になるのです。水中に進出した哺乳類は、多くが嗅覚を退化させることが知られています。たとえばクジラの祖先の進化を見ると、水中生活への適応が進むにしたがって嗅球のサイズが小さくなっていくことが知られています。このような解剖学的特徴を考えると、カモノハシは嗅覚もあまり鋭敏でない動物ということになります。

　嗅覚遺伝子の研究をされている東京大学の新村芳人博士らの報告によると、哺乳類における嗅覚受容体遺伝子の数は、2000近いゾウを筆頭に、マウスは1000、イヌは

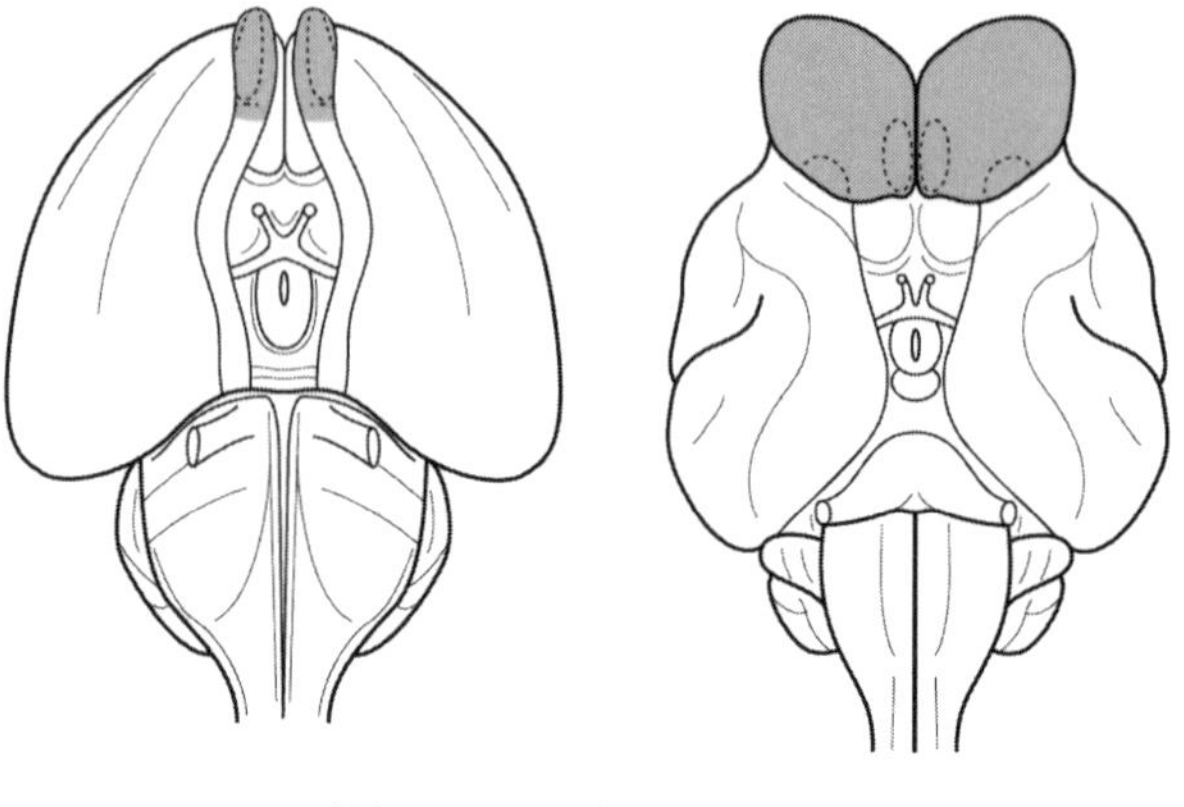

カモノハシの脳（左）と、ハリモグラの脳（右）。グレーの部分が嗅球。

８００、ヒトは４００弱あるのに対し、カモノハシは３００に満たない数しかないようです。においは、におい物質に反応する嗅覚受容体のレパートリーのちがいで認識しますから、哺乳類の中でもカモノハシはかぎ分けられるにおいの種類が少なめということになりそうです。なお、１０００万年前に生息していた、カモノハシにそっくりな姿をした祖先、オブドゥロドンでも、嗅球はカモノハシよりも少し大きいものの、ほかの哺乳類と比べれば小さいことが知られています。カモノハシ型の動物の嗅覚が相対的に弱いのは昔からのようです。

一方で、カモノハシは肩から首の部分に、におい物質を分泌するような腺が分布していることが知られています。これはとくに繁殖期にオスで発達し、じゃ香のような香りを出すといわれています。また、木や石にマーキングをするような行動をとるという報告もあります。餌探しには役に立たない嗅覚ですが、なんらかのコミュニケーションに嗅覚を利用している可能性はあるようです。

なお、カモノハシの嗅覚遺伝子は、全体としては数が少ないのですが、そのうち「Ｖ１Ｒファミリー」とよばれる嗅覚

視力の弱いカモノハシはにおいでコミュニケーションをとっている可能性がある。

遺伝子の一群はカモノハシで数が多く、真獣類（有胎盤類）のそれを上回っているようです。これは「鋤鼻器官（ヤコブソン器官）」とよばれる、フェロモンなど個体間のコミュニケーションに関わるにおい物質を感じることに多く使われる器官で発現する嗅覚遺伝子です。カモノハシの嗅球の解剖学的な特徴としても、鋤鼻器官のにおいを感じるのに使われる構造（accessory olfactory bulb）が比較的大きいことが知られています。人間にはない器官なので想像しにくいですが、カモノハシの鋤鼻器官は、構造がほかの哺乳類よりも爬虫類に近いともいわれています。こういった特徴は、カモノハシの嗅覚の特殊性を示しているのかもしれません。[※1]

## カモノハシの味覚

それではカモノハシの味覚はどうでしょうか。味覚を直接調べるのはなかなか難しいことのようですが、遺伝子の研究からいくつか示唆されていることがあります。味覚分子（味の分子）を受けとる味覚レセプターには、甘味やうま味を感じるT1Rという一群と、苦味を感じるT2Rという一群があります。カモノハシでは、これらのうちT2Rが、ほかの哺乳類に比して少ないことが知られています。これはカモノハシの食生活に、苦味を伴う食べ物が相対的に少ないことと関係しているようです。そのためカモノハシは苦味を感じる能力が低いということなのかもしれません。[※2]

※1 カモノハシとハリモグラの嗅覚の違いは、後述するゲノムの研究からも明らかになりました。通常の嗅覚受容体遺伝子はハリモグラで多く、フェロモンを受容する受容体遺伝子はカモノハシで多かったようです。

## カモノハシの〝第六感〟

これまでお話ししてきたカモノハシの感覚ですが、視覚も聴覚も、そして嗅覚もあまり鋭敏ではないようです。では、カモノハシはどの感覚を利用して、外界を認識しているのでしょうか。

1802年、カモノハシを最初に専門的に解剖した解剖学者エヴァラード・ホーム（→163ページ）は、くちばしに太い神経が伸びていたことから、カモノハシは、くちばしに鋭敏な感覚器をもっているのではないかと考えました。カモノハシのくちばしを見ると、表面には毛穴のような小さな穴がたくさん開いています。この穴の奥に、カモノハシにとって最も重要な知覚をもたらす感覚器官が隠されていました。そう、答えは、カモノハシ最大の特徴であるくちばしにあったのです。

カモノハシのくちばしの感覚器官は、大きく分けて2種類あります。一つは機械刺激を感じるメカノレセプター（機械受容器）で、もう一つは電気刺激を感じるエレクトロレセプター（電気受容器）です。メカノレセプターは機械的な刺激を感じる器官で、水中では水流や水圧を感じて、くちばしの先になにがあるかを知覚します。一方、エレクトロレセプターは電気を感じる器官で、カモノハシの獲物が発する微弱な電流をキャッチして、獲物の場所を明らかにするものです。電気を感じるという感覚はたいへん珍しく、哺乳類では、2011年にイルカのなかま（ギアナイルカ）で単純な受容器が発見されたほかは、単孔類だけで知られているものです。[※3] その報告によるとギアナイルカの電気感覚はかなり鋭敏なようですが、行動実験は飼育個体1個体で行われただけであり、野外での利用方法など、詳しいことはわかっていません。

また、電気受容器の数に関していえば、カモノハシが圧倒的であり、高解像度の情報を得られる可能性が

※2 カモノハシとハリモグラの味覚受容体を培養細胞に発現させてその機能を調べた研究が糸井川壮大博士（京大・当時）や早川卓志博士（北大）、今井啓雄博士（京大）らのグループによって行われ、2022年に論文が発表されました。その結果、カモノハシの苦味受容体には単体で多くの苦味物質と結合できる受容体が含まれ、実は苦味をうまく感じられているらしいことがわかりました。なお、ハリモグラはその受容体を失ってしまっているそうです。

高そうです。エレクトロレセプターは同じ単孔類のハリモグラにもありますが、ハリモグラは祖先がもっていたものの痕跡として受け継いでいるだけのようです。

わたしたちは感覚を5つに分け、「五感」とよんだりしますが、この電気感覚は、さしずめ「第六感」といえるものです。この「第六感」という言葉は、オーストラリアのカモノハシ飼育家、ヘンリー・バレル（→１７５ページ）が１９２７年に出版した著書の中で使っています。カモノハシが目をつぶって泳ぎながらも獲物を捕らえることを観察していた彼は、カモノハシに未知の感覚があるのではないかと考えたのです。

カモノハシが電気を感じることが明らかになったのは、電気刺激を感じる魚類を研究していたドイツの研究者が、カモノハシのくちばしにあった感覚器官の構造が魚類の電気受容器に似ていることに気づいたことからでした。最初の実験として、カモノハシを飼育していた水槽に１・５ボルトの乾電池を落としてみることが行われました。すると、水槽にいたカモノハシはひどく興奮し、乾電池に興味をもって、周りを泳ぎ回ったそうです。その後さらに綿密な実験を行った結果、カモノハシが電気を感じているということが明らかになりました。その論文がNature誌に発表されたのは１９８６年のことでした。エヴァラード・ホームがくちばしの神経を記載してから１８４年が過ぎていました。

なお、動物によってエレクトロレセプターの由来が異なります。単孔類では、皮膚の分泌腺から電気受容器が進化したと考えられていますが、ギアナイルカでは機械刺激の受容体から進化したようです。一方でサメやエイなど、一部の魚類にも電気受容器が見られますが、どれも機械刺激の受容体から進化したものがメインです。つまり単孔類の電気受容器は珍しいタイプのものといっていいようです。

カモノハシが水圧と電気を両方感じとれることには、もう一つのメリットがあるといわれています。そ

※3　2023年の研究で、ハンドウイルカも電気感覚をもつことが明らかになりました。ギアナイルカもハンドウイルカも水の底で採餌行動することが知られており、ハンドウイルカは鼻先を海底の砂の中に入れて魚をとらえることもあるそうです。イルカの場合は遊泳速度の関係で、採餌のほかにも地球磁場の検知に役立つ可能性が議論されています。

私たちが雷の光と音の到達時間の差から雷までの距離を測れるように……

カモノハシは、電気刺激の情報と水圧の情報が届く時間差を利用して、獲物までの距離を測っている可能性がある。

れは、水圧と電気から獲物への距離を測れるというものです。

　私たちは雷の光と音を観察したとき、光った瞬間から、ゴロゴロと鳴るまでの時間の差で雷との距離を測ることができます。光が1秒に30万キロ進むのに対して、音は340メートルしか進まないため、雷が落ちたのとほぼ同時に感じられる光と、届くのに時間のかかる音の到達時間を比較することで、私たちのいる場所から雷の落ちた地点までの距離を測ることができるのです。これは、カモノハシが感じる電気刺激と機械刺激でもいえることで、電気刺激は獲物が動いた瞬間に届くものですが、機械刺激は水を介して伝わってくるものですから、一定の時間がかかります。それらの情報からカモノハシは、水中で獲物までの距離を測ることができ、うまく獲物を捕らえることができる、という説です。実際にカモノハシがこのようにして獲物との距離を測っているかどうかが証明されたわけではありませんが、興味深い仮説です。

　カモノハシが目をつぶったままでも獲物を探せることには、ほかにもメリットがあります。カモノハシが餌を探すのは川底で、砂利が敷き詰められているような空間もありますが、泥のようなものが多くたまっているところもあります。そういうところでは、獲物を探そうとすると水が濁ってしまい、視覚が頼りにならなくなってしまうのです。そういうわけで、カモノハシはこのくちばしの感覚を存分に利用し、昼でも夜でも活動できる生活をしているのです。

一時期ネット上で、カモノハシに関して誤解のある話題が流れたことがありました。それは、カモノハシは目をつぶったまま、やたらと手探り（より正確には「くちばし探り」でしょう）で獲物を探し回るものだから、獲物が逃げてしまう、という話です。これはまったくのまちがいで、先ほどお話しした通り、カモノハシが目をつぶって獲物を探すのは合理的な選択なのです。

さて、くちばしの感覚を生み出すエレクトロレセプターですが、カモノハシのくちばしにはだいたい40000個あります。一方、ハリモグラの

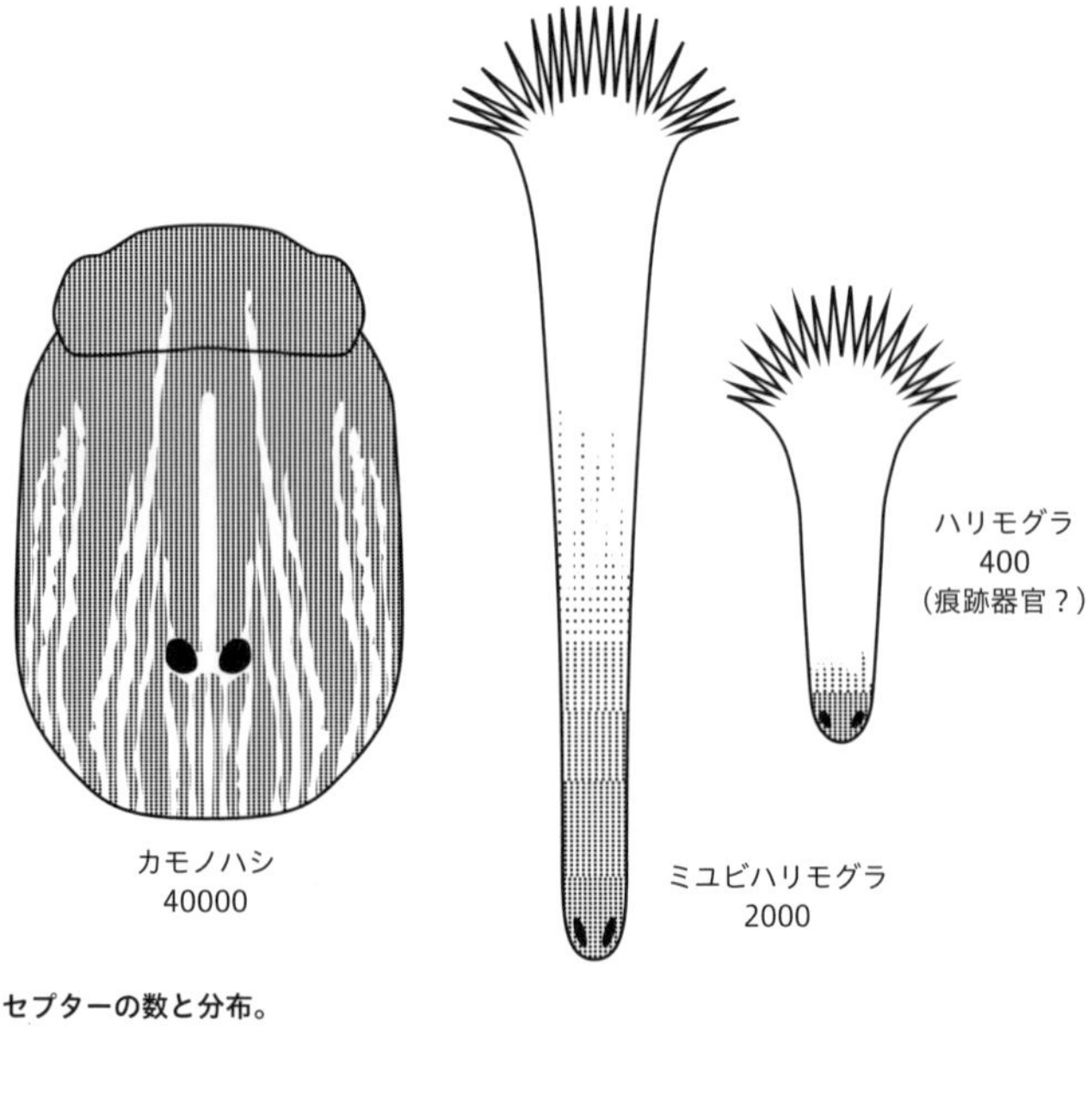


**エレクトロレセプターの数と分布。**

なかまも鼻先にこのエレクトロレセプターをもっており、ミユビハリモグラですと２０００、ハリモグラですと４００くらい受容器があります。ミユビハリモグラはニューギニアの湿ったジャングルでくらしており、もしかするとこの受容器が役に立っているかもしれないといわれていますが、ハリモグラではおそらく痕跡的な器官として残っているだけで、実際にはほとんど役に立っていないのではないかと思われます。地面に充電池を埋めてハリモグラの行動を調べた実験では、充電された電池を埋めた場所のほうが、充電されない電池を埋めた場所より、より探索される率が高かったという実験結果もありますが、大きな嗅球が示すように、ハリモグラはにおいで獲物を探すのがメインのようです。

　このようにハリモグラに痕跡的に残るエレクトロレセプターは、ハリモグラの祖先が吻（あるいはくちばし）で電気を感じて獲物を探していたことを示す証拠といえます。一方、どの程度電気感覚に依存していたかについては、議論のあるところです。カモノハシとハリモグラの共通祖先、つまり単孔類の共通祖先は、嗅覚と電気感覚をバランスよく使っていたのではとする考えがある一方で、単孔類の共通祖先では嗅覚は衰えていて、ハリモグラで短期に特殊化したのではとする意見もあります。

　第４章で詳しくお話ししますが、１億年以上前に生息していた単孔類が、鼻先へと向かう太い三叉神経をもっていたことが化石の形態から示唆されています。つまり、吻に機械刺激、あるいは電気刺激を感じとる鋭い感覚器官をもつことは、古い時代から単孔類に受け継がれてきた特徴であったようなのです。そういう意味では、単孔類の「本流」はカモノハシであり、ハリモグラは「カモノハシ型」の生き物から分かれ、独自の生活を始めたなかまということになるのかもしれません。

# 1-3 カモノハシの消化

## カモノハシの咀嚼器官

カモノハシはすぐれた第六感で獲物を見つけます。そうして見つけた食べ物をどのようにして咀嚼し、消化するのでしょうか？　カモノハシの潜水時間は短く、多くの場合1分以内といわれています。獲物を捕まえたカモノハシはすぐに水面に浮き上がり、水面で獲物を食べるのです。

カモノハシが食べる獲物は水生昆虫や淡水生のエビなどの甲殻類といった無脊椎動物で、多少なりとも頑丈な殻がある生き物も含まれます。多くの哺乳類は、そのような硬い構造は歯で噛みつぶして食べますが、カモノハシには歯がありません。正確には、子どもの頃のカモノハシには痕跡的な乳歯がありますが、成長の途中で抜け落ちてしまうのです。

そのかわり、カモノハシにはくちばしの奥に「角質板」という構造があります。これはちょうど乳臼歯が生えていた位置にあり、つめと同じ角質でできた、板状の構造です。クチバシの左右にみぞのついた構造があり、そこが多少なりとも咀嚼に役立っているともいわれますが、咀嚼の機能は多くを角質板に頼っているようです。

カモノハシの成体には歯がありませんが、カモノハシの祖先であるオブドゥロドンでは大人になっても臼歯が生えていました。オブドゥロドンという名前には「恒久的な歯」という意味があります。カモノハシとちがって、永久歯が生えてくることからつけられた名前です。カモノハシがどうして臼歯を失い、角質板で咀嚼をするようになったのか、これは筆者の研究に関わる内容ですので、後ほどまた扱うことにしましょう。なお、オブドゥロドンにも臼歯はありますが、それ以外の歯はありません。オブドゥロドンの時点で、すでに歯はかなり退化していたともいえます。

　皆さんはもしかすると、アニメのキャラクターで、歯の生えたカモノハシを見たことがあるかもしれません。ディズニーアニメ『フィニアスとファーブ』には「カモノハシペリー」あるいは「エージェントP」とよばれるカモノハシが出てきます。ペリーは、普段はペットのカモノハシとしてくらしていますが、ひとたび指令を受けると、秘密機関のエージェントとして任務をこなすのです。

　ところがこのカモノハシ、よく見ると、歯が生えています。とすると、このカモノハシペリーはただのカ

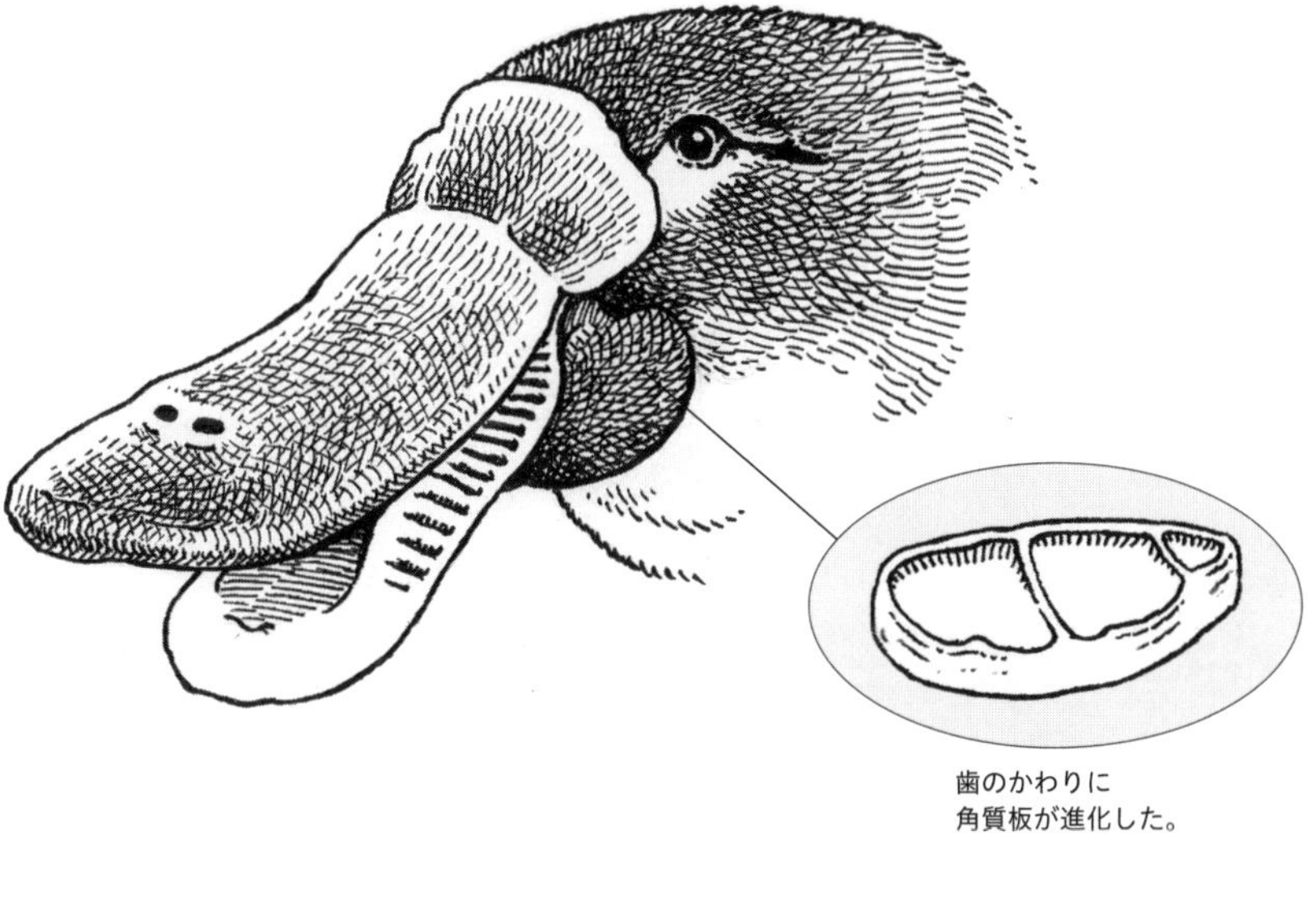

歯のかわりに
角質板が進化した。

モノハシではなく、オブドゥロドンの生き残りのようにも思えます。さらに詳しく歯を見ると、カモノハシペリーには切歯らしき歯が生えているのです。オブドゥロドンには切歯は生えていませんし、切歯をもっていることが明らかな単孔類は中生代のテイノロフォス（→95ページ）までさかのぼります。もしかすると、カモノハシペリーは未だ発見されていない、太古の時代に生きていたカモノハシの祖先の生き残りなのかもしれません。そう考えるとロマンが広がりませんか？

## カモノハシの消化器官

カモノハシの口には頬袋があります。これは食べ物を口の中で一時的に蓄える役割をもっているようで、カモノハシの食べ物を調査する際にも、頬袋の中身を調べることが行われています。飲みこまれた食べ物は胃袋へと向かいます。ところが、カモノハシの胃袋はとても小さく、小指の先くらいの大きさしかありません。しかも、カモノハシの胃袋は胃酸を分泌しないのです。ですから消化器官としての機能はあまり大きくなく、食物を一時的にためておくくらいの機能しかないようです。その後、食べ物は腸の中で消化されます。

カモノハシのなかまが「単孔類」とよばれているのは、総排出孔を1つだけもっていることに由来します。ふんも、尿も、卵も出てくるのが総排出孔です。ですから、大腸は総排出孔に合流しています。鳥類や爬虫類、両生類も同様に総排出孔をもちます。よく、鳥の卵は清潔ではない、といういわれ方をすることがありますが、それはいろいろなものが出てくる孔から出てくるから、ということのようです。ちなみに市販されている鶏卵は洗浄されてから出荷されています。総排出孔から出てくるカモノハシのふんは、黒く半固形状です。陸上でふんをすることも（とくにタスマニアのカモノハシでは）目撃されるようですが、多くの場合は水中にするようです。

## みずかきの秘密

カモノハシは水中で餌を捕りますから、水の中で泳ぐのが得意です。前足と後ろ足にはそれぞれみずかきがあり、水をうまく捉えることができます。カモノハシの泳ぎは、そのほかの半水棲の哺乳類と異なり、おもに前脚で推進力を得ています。推進力を前脚から得る泳ぎは、人間の泳法であればクロールに近いでしょうか。カモノハシは、前脚を使って巣穴を掘る運動もしますし、前脚に筋肉を集中させているようです。遊泳中、後足はぶらぶらさせて、舵のような役割をはたしています。前脚の動きは左右交互で、体の横で水をかいて泳ぎます。私は、プールでカモノハシ流の泳ぎ方を試したことがあります。左右交互に手を動かすと、上半身が左右に揺れることがわかりました。カモノハシは水中でくちばしを左右にゆすりながら餌を探しますが、左右交互に水をかくことで、この動きが容易にできるようになっているのかもしれません。

さて、前後の足では泳ぐときの役割がちがうため、前後の足でみずかきもその大きさが異なります。後ろ足のみずかきは指のあいだに張られているだけですが、前足のみずかきは、指よりも前に広がります。指よりも先に構造物がある、というのは、動物の中でも珍しい構造のようです。これだけ長い構造があると、陸上を歩くときに邪魔になってしまいます。カモノハシはそうならないように、陸上では前足のみずかきを折りたためるようになっています。手の平側に折りたたんだみずかきは、歩くときのクッションの役割もはたします。
　先ほど穴を掘るときに前脚を使うといいましたが、このような穴を掘る運動によって、カモノハシの前脚、とくに上腕骨は短く、太い構造をしており、モグラのそれに類似しているといわれます。これはハリモグラも同様です。ハリモグラもトンネルとまではいきませんが、体を埋めるくらいの穴を掘ります。カモノハシが穴を掘るときは前足のつめを使います。ですから、前足のつめは丸くなっています。一方で、穴を掘るときに体を支えるのは後ろ足です。ですから、後足のつめはとがった状態のまま、地面をがっしりと捉まえて体を固定し、前脚での穴掘りを助けます。

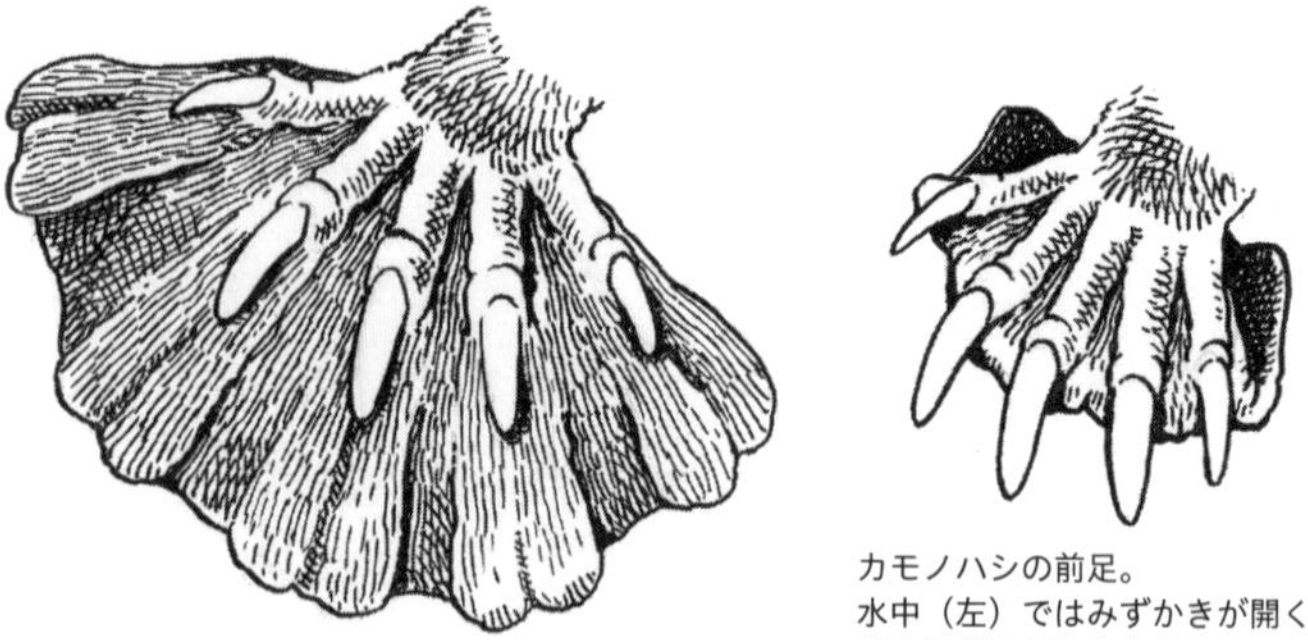

カモノハシの前足。
水中（左）ではみずかきが開く。
歩くときは折りたたむ。

カモノハシの後ろ足。
するどくがっしりとしたつめがある。

## カモノハシの毛皮

北は熱帯まで生息しているカモノハシですが、南は冬の水温が０度近くになる地域にも生息します。ニューサウスウェールズ州にスレドボというスキーリゾートで有名な地域があります。そのスキー場付近でも、雪の積もった冬の川にカモノハシが現れるのです。カモノハシの体温は32度くらいですが、体温調節の能力は高いようで、さらに水を通さない緻密な毛皮をもっているため、冬の寒い水の中でも餌を捕ることができるのです。

　カモノハシの毛皮は二層構造になっており、いちばん長く外側まで伸びているのが「ガードヘア」とよばれる体を守る毛で、その内側に「アンダーファー」という防寒性のある細かい毛が密集しています。この毛のあいだに空気を封じこめることで、温度の低い水に対して熱が逃げるのを防ぐ役割をしています。体毛の密度が高く、ある計測結果では、１平方ミリメートルに６００～９００本もの体毛が生えているとのことです。これは哺乳類で体毛の密度が極めて高い種であるラッコが、１平方ミリメートルに１２５０本の毛が生えているのに次ぐレベルであり、優秀な毛皮であることがわかります。ちなみに毛が密に生えている動物ですと、同じ面積（１平方ミリメートル）にトガリネズミが３００～４００、モグラが３００～５００、オットセイが４００～６００、カワウソが３５０～６００くらいのようで、カモノハシの優秀さが際立ちます。そのほか、ラットのなかまは１００本、キツネ37本、チンパンジーは０・５本、ゴリラは１・２本程度で、類人猿は体毛が少ない傾向にあるようです。

　このように、細かくみっしりとした毛の印象から、テレビなどでカモノハシを見ると実物よりも大きく感じるらしく、多くの人はカモノハシを実際のサイズよりも大きいと思っているようです。オーストラリアの水族館でも、元気に泳ぎ回る大人のカモノハシの前で、「Baby platypus!」といった声がちらほら聞こえてきます。

Chapter 2

# カモノハシの生態学

# 2-1 カモノハシの生態

## 野生動物の調査法とカモノハシの生態

前章では、カモノハシの体について触れました。ここではカモノハシの生態についてお話ししましょう。

野生動物は野外でくらしているため、その生活を詳らかにすることは容易ではありません。最も単純な方法は直接観察を行うことですが、観察者がつきっきりで観察することは難しく、長時間続けることは簡単ではありません。また常に人が観察できる位置にその動物がいるとも限りませんし、その観察自体が動物の行動を歪めてしまうかもしれません。また、カモノハシが巣穴の中に入ってしまうように、人間がついて行くことが不可能なところへ行く動物もいます。観測という意味では、飼育してその行動を調べるという方法がありますが、野外での行動に関する情報もなければ、真に野生動物を理解することはできないといえるでしょう。いずれにしても、多額の費用と時間がかかることです。

そのため、動物学の分野では、さまざまな手法が編み出されてきました。その一部はカモノハシの研究でも使われ、カモノハシの生態は少しずつ解明されつつあります。たとえば、カモノハシを捕獲して体に個体を識別するマイクロチップをつけて放し、同じ個体がどこで再度捕獲されるかを調べることで、カモノハシの行動範囲や若いカモノハシが分散していく距離を調べる研究が行われています。あるいは電波発信機をつけて放し、その発信器によって一日の行動を計測し、毎日の行動範囲や生活サイクルがどうなっているかを明らかにした研究も行われています。

また一方で、１８０２年の段階で、解剖学者エヴァラード・ホームはくちばしに伸びる神経が太いことから、くちばしが重要な感覚器官であると予測しました。このように、伝統的な解剖学も生態の解明に大きく役立っています。ここではカモノハシの生態と体の秘密について、それを明らかにした手法や経緯とともにお話していきます。

## カモノハシのすみかと食事

動物は生きていくために、エネルギー源である食物を得なければなりません。一方で、それ以外の時間は無駄なエネルギーを使わないように休むのがよい選択肢です。カモノハシも、餌探しと、休むことが、一日の時間の多くを占めています。カモノハシがこのような活動をする舞台は、川や浅い湖と、その岸部につくられた巣穴です。

タスマニアでは、まれに洞窟にカモノハシが巣をつくることもありますが、多くの場合、土に穴を掘って巣穴としています。その長さは30メートルにも達することもあります。カモノハシはこの巣穴で休み、そこから川や湖へと出かけ、餌を捕るのです。普通は巣穴を出たらすぐに水に入れるような位置に巣穴をつくります。しかし、辺りが平地で水辺のそばに巣穴を掘るのに適した場所がない場合は、岸から少し離れたところに巣穴をつくることもあるようです。

カモノハシの餌の多くは川底にすんでいる昆虫の幼虫や、淡水生のエビなどの無脊椎動物です。水底に潜ったカモノハシは、目をつぶったままくちばしを左右にゆすり、くちばしのセンサーで獲物を見つけ、捕らえます。おもに、川底が砂利質のところで餌を探しますが、電気感覚によって、隠れている獲物を見つけ出すことができるので、土や泥が巻き上がり、濁って視界が悪くなっても問題ありません。

　カモノハシの潜水能力は高く、なにもせずにじっとしていれば、10分以上潜っていることができます。一方で、餌を探すときはカモノハシの潜水時間は1分以内がほとんどで、息継ぎのために15〜20秒ほど水面に上がり、また潜ります。水中で動き回っていると酸素を多く消費してしまうので、このようにこまめに水面に上がるのです。餌はおもに、水深1〜2メートルくらいのところで探すというデータがありますが、深い湖で水深30メートルのところに掛けら

れた漁網にカモノハシがかかってしまった例も報告されており、かなり深いところまで潜る能力があるようです。

このようにして獲物を捕らえると、カモノハシは水面に戻って、くちばしの奥にある角質板を使って噛み砕き、食べます。そして食べきれないものは頬袋に保管することもあります。この頬袋の中身を調べることで、カモノハシの食べ物の組成を研究することも行われています。

## 2-2 カモノハシの一日

### 夜行性

カモノハシは夜行性といわれることがあります。事実、人間がカモノハシを観察するには、朝か夕方の、日が低いときがいちばん見つけやすい時間帯です（真夜中では人間がカモノハシを見ることができないですから）。

ところが、タスマニアで行われた研究によると、カモノハシの活動時間は個体によって異なるようです。

カモノハシに発信器をつけて、活動している時間帯を調べたところ、全体の3分の2の個体は夜行性で、日中は巣穴で休んでいました。一方で、残りの3分の1は昼間活動する個体や、活動時間が毎日変化する個体でした。活動時間が変則的な個体には若い個体が多く、縄張り争いを避けるため、ほかの個体が活動していない時間帯を狙って餌探しをしている可能性も指摘されています。

　私もタスマニアの川で、昼間の時間に泳いでいるカモノハシを見かけたことがあります。きっとまだ若いカモノハシだったのでしょう。カモノハシは水中では目をつぶってくちばしのセンサーに頼りますし、巣穴の中は真っ暗です。このように太陽の光にあまり依存しないカモノハシは、いつ活動してもいいのでしょう。水の中には肉食動物も入りにくいですし、カモノハシは気ままにくらせる生き物なのかもしれません。

　活動時間の記録は研究や地域によって異なり、1日当たり7～19時間と幅があります。ある研究の結

カモノハシの活動時間の多くは
餌探しと食事に使われる。

果では、カモノハシは1日に10～15時間ほど活発に活動し、その多くは餌探しと食事だったようです。活動時間は夜が中心ですが、朝夕にも活動します。冬のあいだは日が短くなるため、昼間活動する比率が高まるようで、とくにタスマニアは高緯度のため顕著になるようです。また、冬は体を温めるためにたくさんのエネルギーが必要になることと、餌を見つけにくくなるため、多くの時間を餌探しに使わねばならず、冬には夏よりも1時間ほど活動時間が延びるようです。全体としてはこのような傾向があるのですが、活動時間のサイクルは個体によっても、日によってもずいぶんと異なるようです。

なお、月の満ち欠けとカモノハシの活動量が関係しているという研究結果も報告されています。カモノハシは、月周期に合わせて、月が出ていない時間帯に活動時間を少しずつシフトさせているようなのです。この原因はよくわかりませんが、餌となる無脊椎動物の活動が月の影響を受けているためではないか、などともいわれています。

## カモノハシの睡眠

日中のカモノハシもやはり睡眠をとります。人間の睡眠にはレム睡眠とノンレム睡眠の2種類があります。レム睡眠とはいわゆる浅い眠りで、眼球運動が見られます。レム睡眠のレム（REM）とは、Rapid Eye Movement の略です。

かつてカモノハシなど、単孔類はレム睡眠をしないと考えられていましたが、21世紀に入ってからの研究でレム睡眠をすることが明らかになってきました。それどころか、レム睡眠の比率が、ほかの哺乳類よりも高いようなのです。レム睡眠をしているカモノハシを撮影した映像を見ますと、まぶたの奥で眼球が動いているのが見えますし、時折餌を探しているかのように、くちばしを左右にもぞもぞ動かしています。巣穴の中でカモノハシは、餌を探す夢でも見ているのでしょうか。

## カモノハシの行動範囲

カモノハシに発信器をつけた研究によって、カモノハシの生息数や、その行動範囲が次第にわかってきています。カモノハシの場合、多くは川に生息するため、行動範囲を川の長さによって表すことがあります。いくつかの研究を総合した結果では、２００メートルから７・３キロまで、大きく幅のある結果が得られています。これは地域によっても、個体によっても、また季節によっても変動するようです。

行動範囲には、おそらく餌の量が影響しており、餌の得にくい場所では遠くまで出かけるようです。行動範囲はメスよりもオスのほうが広い傾向があるようです。ほかの個体と行動範囲が重複することも多いようで、餌となる生き物が多く生息している地点には、何匹ものカモノハシが現れることもあります。カモノハシの生息数がきわめて多いというタスマニアのマージー川では、岸から見ていると、同時に何匹ものカモノハシが泳いでいる姿を見ることができます。

新しく生まれてきたカモノハシには、独り立ちするときに、すみかを求めて長い距離を旅する個体もいます。新しい土地を見つけ、そこで定着するためです。このような長距離の移動を研究するためには、マイクロチップが役立ちます。一度捕獲されたカモノハシに個体識別をするためのマイクロチップをつけ、その捕獲場所や日時、推定年齢、状態を研究者が記録します。後に、その個体が別の場所で捕獲されることがあります。マイクロチップがあれば、その個体が過去に捕獲されたことがわかります。

ビクトリア州で行われた研究の結果によりますと、その年に生まれたカモノハシが、半年から1年半後に、捕獲された場所から40～48キロ離れた場所で見つかる事例が報告されており、かなりの距離を移動することがわかります。また、このような長距離の移動をするのはおもに巣立ったばかりのオスのカモノハシでした。移動の際には陸上を長距離にわたって歩き回ることもあり、牧場の中をカモノハシが移動することもあるようです。

オーストラリア本土では、カモノハシの日常生活は巣穴の中と水の中ですが、タスマニアの一部の地域では、日常的に陸上をカモノハシが移動することもあるようです。タスマニアのクレイドルマウンテン付近にあるリー湖一帯では、水深が浅く、湖が途切れ途切れなこともあり、カモノハシがいくつかの湖を歩いて移動します。巣穴が水辺から少し離れたところにつくられていることもあるようです。

一度歩いているカモノハシが見られないかと、その湖に出かけたことがありました。半日ほど忍耐強くカモノハシの姿を探し回りましたが、残念ながら歩くカモノハシを見ることはできませんでした。帰り道では、泥に片足を腰近くまで突っこんでしまい、抜け出すのに一苦労するなど、散々でしたが、タスマニア原生の自然を堪能することができた一日でした。

# 2-3 カモノハシの子育て

## カモノハシの一年

カモノハシは優秀な毛皮をもっていますので、冬でも活動することができます。しかし、やはり冬はカモノハシにとって厳しいシーズンで、餌を探す時間も長くなります。カモノハシだけでなく、あらゆる動物にとっても、冬はたいへんなシーズンです。文明が発達した人間ですら、冬は、ほかの季節よりも死亡率が高くなるのです。このような事情がありますから、動物は冬に備えて秋に脂肪を蓄えます。

カモノハシの場合、脂肪は尾に蓄えます。カモノハシの全身の脂肪のうち、40パーセントが尻尾にあるといわれており、カモノハシの尻尾はカモノハシの健康状態を知る、よい指標になるようです。カモノハシの

カモノハシの尾は、ラクダのこぶのように脂肪を蓄える。

尾はビーバーに似ているといわれることがありますが、脂肪を蓄えるためにカモノハシのそれは、上下に少しふくらんでいます。通常は秋に最も脂肪を蓄えた状態となり、春先には脂肪の少ない状態になります。一方で子育てをしているメスは授乳期間の終わりに最も脂肪の少ない状態になります。

　このような尻尾の脂肪量からも推測できるように、カモノハシにとって子育ては、とくにエネルギーを使う行為です。ですから、カモノハシは餌を多くとって、脂肪を十分に蓄えられる時期に繁殖と子育てをします。カモノハシがすんでいるオーストラリアは南半球ですから、日本と季節が逆になります。カモノハシは食料を得やすい夏に子育てをすべく、7月～10月に交尾をし、10月～3月くらいまでが授乳シーズンになるように調整しています。これらの時期は緯度によって異なり、オーストラリアの北では早いのに対し、南のタスマニアでは遅くなるようです。

## カモノハシの冬眠？

　カモノハシが冬眠するかどうかについて、いくつかの議論がなされています。カモノハシは夏も冬も姿を見せることから、冬眠はしないのではないかというのがカモノハシ研究の初期からいわれていました。20世紀初頭にカモノハシを飼育したヘンリー・バレルは、洪水の起こる時期にカモノハシの活動が鈍ることを記述し、それが冬眠とまちがえられているのではないかといっています。

　一方で、バレルの前後にカモノハシを飼育していたロバート・エディーや、デビッド・フレイは、飼育中のカモノハシが、冬季に最大で1週間ほど、活動を低下させるのを目撃しています。これらは体温を計測したわけではないので、体温を低下させたり、代謝が落ちたりする、本当の意味での冬眠かどうかはよくわかりませんが、興味深い観察結果です。

その後の電波発信機などの機器を用いた行動観察では、このような現象は観察されないことが多いのですが、似たような短期間の行動の低下を報告する研究も一部にあります。はたしてどのような意味のある行動なのか気になるところです。なお、同じ単孔類のハリモグラは、断続的な冬眠をすることが知られています。電波発信機を用いた研究によると、体温も心臓の鼓動も下がる、確かな冬眠のようです。

## カモノハシの繁殖活動

さて、子育てを夏に行うスケジュールにのっとると、冬がカモノハシたちにとって交尾のシーズンになります。この時期、オスのカモノハシ同士の争いが見られることがあります。メスをめぐってオス同士が争うのです。カモノハシのオスにはけづめ（蹴爪）があり、そこから毒が出ます。オス同士が争うときに、そのけづめを武器に使うのです。その証拠に、毒を分泌する毒腺は繁殖期に大きくなります。この毒は相手のオスに痛みを与える目的で使われるようで、負けてしまったオスはすぐに逃げていきます。ペアができると、オスとメスは一緒に触れ合いながら泳いだり、オスがメスの尻尾をくわえたりと、仲よくスキンシッ

オス同士の争い。

プをとります。そうしてカモノハシは交尾をするのです。

交尾後に、メスは巣穴のいちばん奥に子育てをするための新しい部屋をつくります。そして外で草を集め、尻尾で巻きこむようにして、その部屋に運びます。このようにして、巣穴には子育てをするベッドが完成します。このベッドの上でカモノハシは卵を産み、卵から孵った子どもに授乳するのです。カモノハシの子育ては、メスが単独で行います。

カモノハシは何歳くらいになると子どもをつくるのでしょうか？　生まれてから2年ほど経ったカモノハシは、子どもをつくれるくらいに成熟するといわれています。一方で、ニューサウスウェールズ州のある地域で行われた研究では、4歳になるよりも前に子どもをつくったカモノハシは観察されていないようで、地域によって成熟までの時間には差があるようです。カモノハシの寿命は20年以上といわれていますから、なかなか早い段階で子育てできるといえるでしょう。

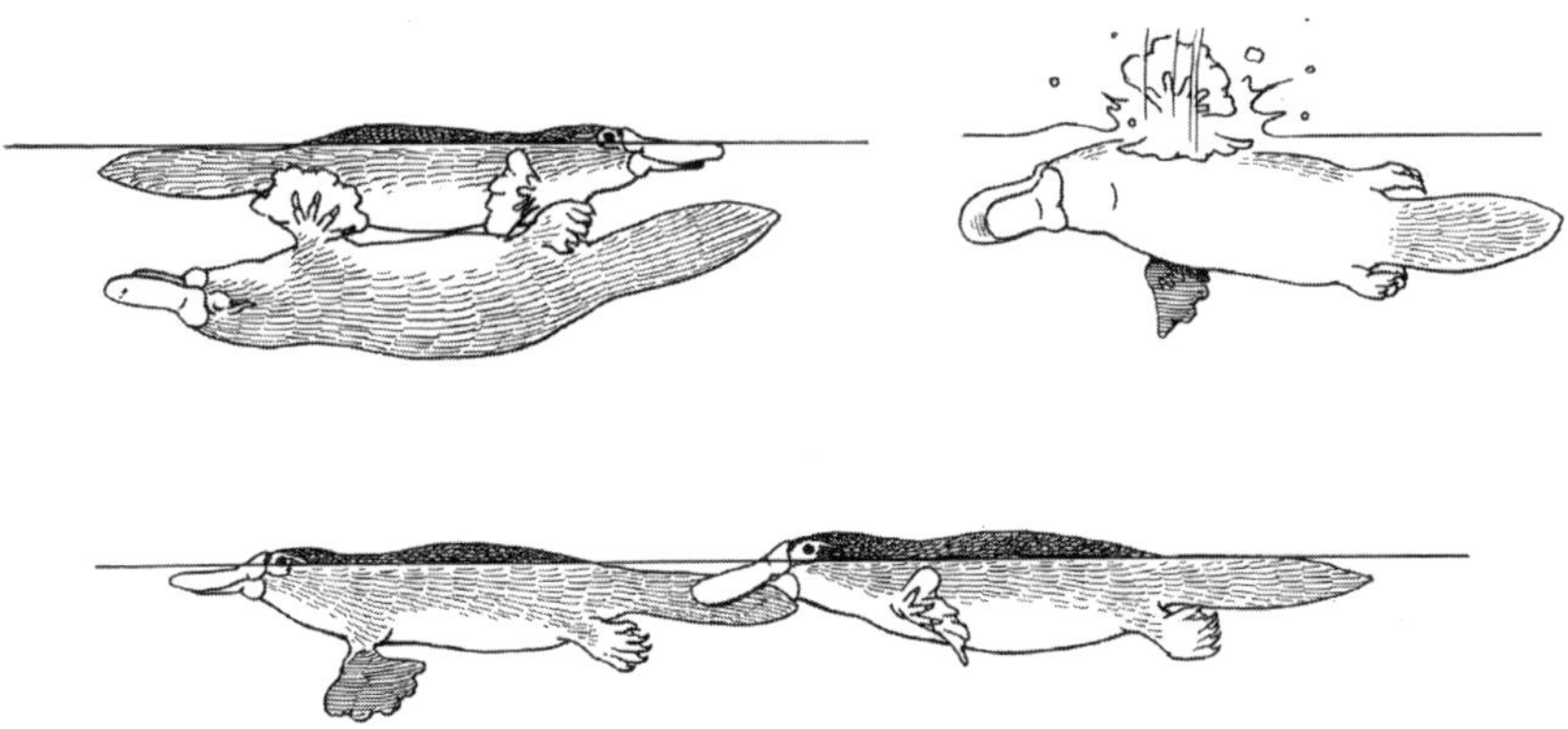

カモノハシの求愛行動。重なって泳いだり、水面をたたいたり、
オスがメスの尾をくわえるなどの行動が見られる。

## カモノハシの母乳と子どもの成長

カモノハシは一般に、2つの卵を産みます。卵の大きさは17ミリくらいで、やわらかく、ぶよぶよしています。母親は巣穴の中で丸まって卵を抱きかかえて温め、子どもが生まれると授乳をして育てます。カモノハシの妊娠期間は21日、抱卵期間は10日くらい、授乳期間は3、4か月といわれています。

カモノハシには乳頭（乳首）がないので、子どもは母親のおなかに汗のように染みだしてくるピンクから白色のミルクをなめて育ちます。一見原始的に見える方法ですが、ミルクの栄養価は高く、ほかの哺乳類のミルクよりも栄養の「濃い」組成になっているようです。子どもは生まれたばかりは体長１・５センチほどですが、この濃いミルクのおかげか、１００日後には生まれたときの10倍、体長15センチに育ちます。

カモノハシの母乳には、とくに鉄分が多く含まれているという特徴があり、これはハリモグラや有袋類にも見られる特徴です。鉄分は血液中で酸素を運ぶヘモグロビンの原料になるなど重要な栄養素ですが、消化管で吸収しにくいものなのです。そ

抱卵するカモノハシ。

こで有胎盤類は、胎児のうちにお母さんから胎盤を通して鉄分を供給し、肝臓に蓄積させます。ところが単孔類も有袋類も未熟な状態で生まれてきて、そのあと大きく成長するため、鉄分を十分に蓄えられるだけの肝臓が胎児の頃にはありません。そこで鉄分の濃い母乳を与えることになるのです。皆さんもスーパーで、鉄分を付加した牛乳が売られているのを見ることがあると思いますが、カモノハシのミルクに近い(?)成分の牛乳だと想像しながら飲めば、楽しみが一つ増えるかもしれません。

母親の手厚い世話のもと、子どもは生まれてから4か月ほど巣穴の中で過ごします。巣穴の外に出てくるのは年が明けた1月以降です。タスマニアなど南方では交尾が遅くなり、新しいカモノハシが姿を現すのは4月から6月にかけてです。子どもはそれまでのあいだ、ずっと巣穴で過ごし、母親が時折、餌を探しに出かけます。子どもが成長するにしたがって母親が巣穴の外に出る時間は長くなりますが、それでも十分に餌を食べることは難しく、子育てはたいへんなようです。尻尾の脂肪も子育て期間の終わりには大きく減少してしまいます。ですから生き物たちにとって餌の捕りやすい季節に子育てのピークが来るように、1年のサイクルが組み立てられています。そんなたいへんな子育てではありますが、ニューサウスウェールズ州では、21歳になっても子育てをしていた事例が観察されています。

## 生まれたばかりのカモノハシ

カモノハシには、生まれたばかりの頃だけに見られる変わった特徴があります。まず、くちばしの先に不思議な突起があり、前歯が生えています。さらに、お腹には出っ張った部分があります。

くちばしの先の突起を卵角といい、不思議な前歯を卵歯とよびます。これらはトカゲやヘビのなかまにも見られる構造で、トカゲやヘビでは卵の殻を破るのに使われています。カモノハシの卵歯も同様の機能をもっているようです。その証拠に、生まれてすぐに抜け落ちてしまいます。

一方で卵角は、生まれてしばらくのあいだ残ります。なぜでしょうか。それは卵の殻を破る以外にも使い道があるからかもしれません。この卵角を使って母親のおなかを刺激することで、ミルクの分泌を促進させる働きがあるのではないか、という説があります。

おなかの突起は、カモノハシの胎児が卵から栄養を得ていた器官の名残です。人間でいう、おへそと同じようなものです。よく、胎生の動物は母親とつながっているのでおへそがあるけれど、卵生の動物はつながらないのでおへそがない、といわれることがあります。しかし、卵生の動物にもおへそに相当するものがあるのです。卵の中にいるとき、カモノハシは卵黄から栄養を得ます。この卵黄から栄養を得る構造がおへそから出ていて「卵黄嚢」とよばれています。これは私たち有胎盤類において母子をつなぐ胎盤のようなものです。有袋類では、この卵黄嚢が母親の体とつながることで原始的な胎盤を形成します。卵黄から栄養を得る器官を流用して、

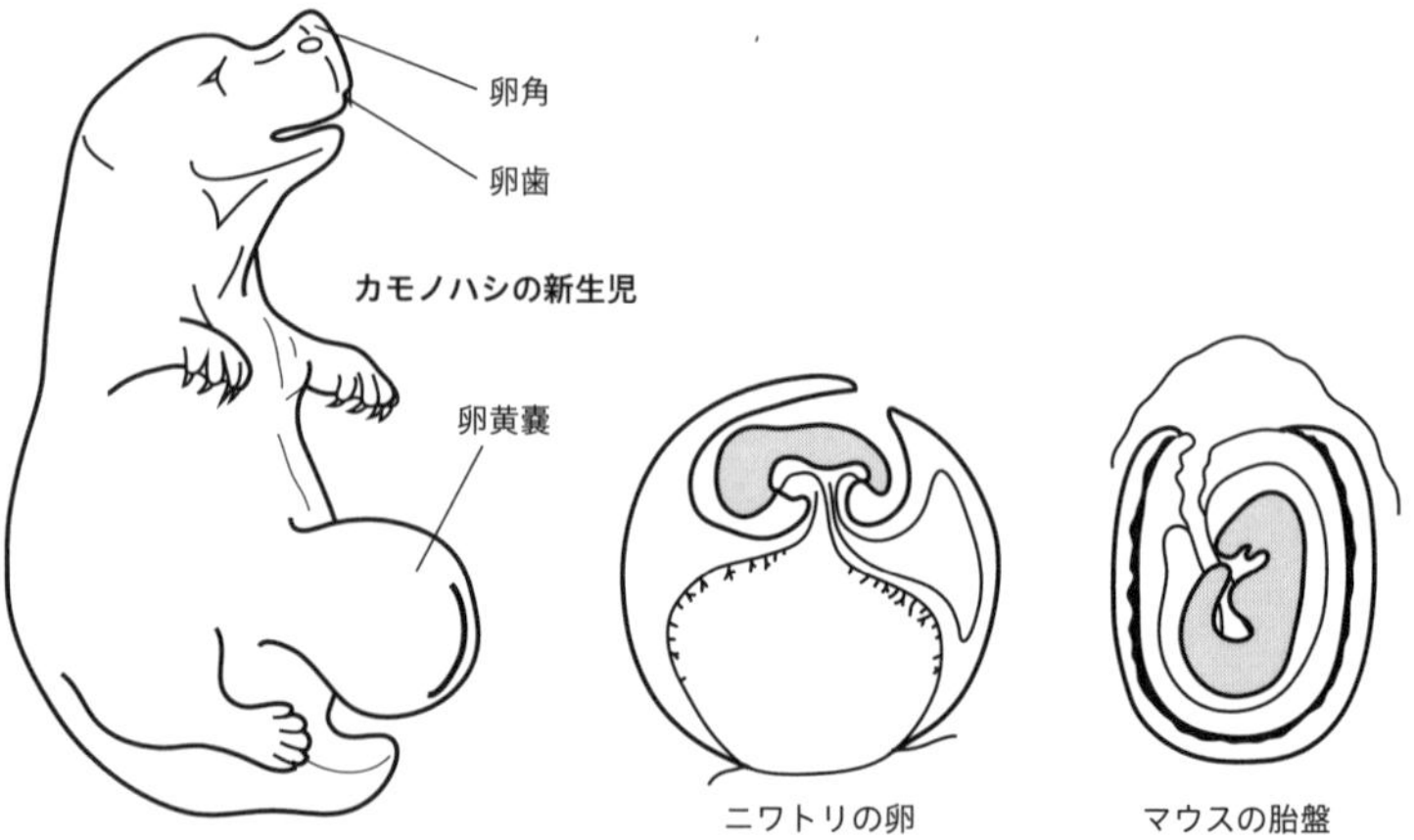


Manger ら (1998) より作成。

母親から栄養を受けとるように変化したのです。

さらに複雑な胎盤を形成する真獣類（有胎盤類）でも妊娠初期はこの卵黄嚢が母親の体とつながることで胎盤をつくります。有胎盤類が有胎盤類といわれるゆえんは、その後、尿漿膜とよばれる膜が発達し、それによってより機能の高い胎盤を形成するからなのです。一見、卵生と胎生とは大きく異なるシステムのように感じられますが、じつは胎児が育つために使っている器官も、その利用のしくみも、ある程度共通しているのです。

## 巣立った子どもたち

さて、巣から出て野外に姿を現した子どもですが、その頃には成体の5〜7割の体重に成長しています。カモノハシの乳離れがいつなのかということや、野外に姿を現すまで成長した子どもがどの程度親から食べ物をもらうのかはわかっていません。しかし、野外に出た子どもの頬袋からミルクが発見された例が報告されています。その頬袋にはカモノハシの成体が食べる無脊椎動物も含まれており、そこから考えると、ミルクと獲物の両方を同時に摂取している時期があるようです。

カモノハシの親離れの時期はわかっていませんが、生まれた年のうちにはするようです。オスのカモノハシは分散性が高いようで、巣穴から外に出るようになってから最初の何か月かはその地域で観察されますが、その後旅に出て、同じ地域では観察されなくなってしまうことが多いようです。先ほどお話ししたように、40キロ以上離れた地域で発見されたこともあり、それくらいの距離を分散するのは特別なことではないようです。

## 繁殖期の争いとカモノハシの毒

カモノハシのオスはけづめをもち、そこから毒を出します。けづめは中が中空になっている一方、足にある毒腺につながっていて、相手の体に刺さると毒を注入できるようになっています。この毒腺つきのけづめは大人のオスにしかありません。

子どもの頃にはオスもメスもけづめの元になる突起をもちますが、成長するにしたがって、オスの突起はけづめとなっていくのに対して、メスでは抜け落ちてしまいます。このようなことも、カモノハシの毒がオス同士の争いに用いられるためにある、と考えられている理由の一つです。もともとは進化の過程でワニに対する防御として発達したのではないか、という説もあるようですが、ワニの皮が頑丈なことを考えると、けづめではあまり効果がなさそうな気もします。

カモノハシの毒は、ペプチドやタンパク質の複合体です。複数の成分が含まれており、さまざまな作用を引き起こします。ある研究では、カモノハシには88個の毒物をつくる遺伝子があるとされています。それらの成分のうちの一つは、神経に直接作用し、カルシウムイオンの流入を引き起こさせます。こういった成分が痛みを感じるレセプターに直接作用す

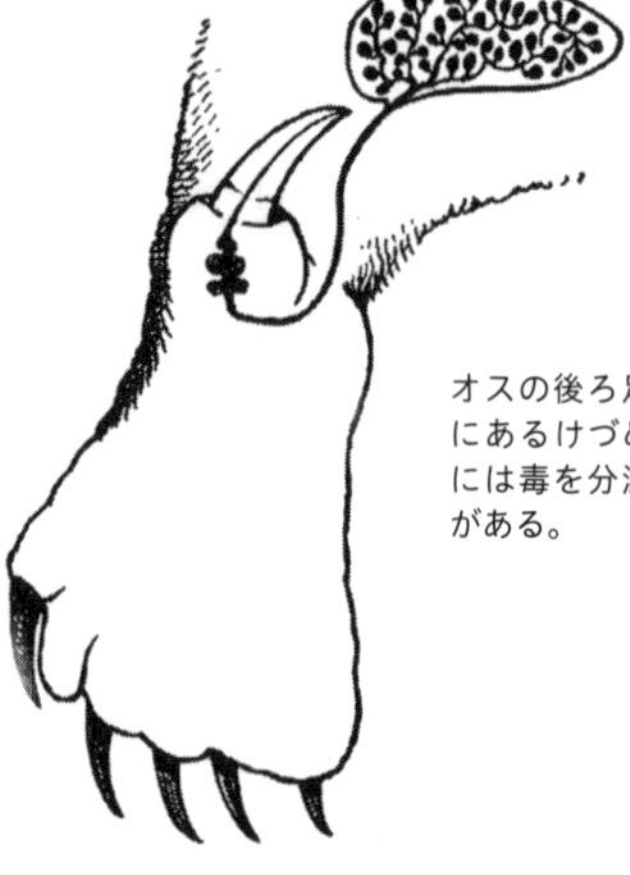

オスの後ろ足のかかとにあるけづめ。後ろ足には毒を分泌する毒腺がある。

るため、強い痛みを与えます。神経細胞の成長因子や、ナトリウム排泄作用をもたらす成分もあり、それらはある種のヘビ毒に含まれているものに似ています。病原体からの防御に用いられるディフェンシン類似のタンパク質も含まれています。

この毒は、カモノハシ同士の争いでも強い痛みをもたらすようで、オス同士の戦いでは、刺された側はすぐに逃げ出してしまいます。野外で捕まるオスのカモノハシに、けづめに刺されて治癒した痕がいくつもある例が報告されています。このことから、自然界ではカモノハシがけづめで刺されて死んでしまうことは、例外的だと考えられています。一方で、飼育下の逃げ場のない空間ではオス同士の争いによる死亡例が報告されています。ヒトがカモノハシに刺された場合もとても強い痛みがあり、刺された周りが腫れ上がるようですが、死亡例はないそうです。

毒をもつ哺乳類は、現代ではごくわずかです。カモノハシのほかには、トガリネズミのなかまであるソレノドンやブラリナトガリネズミなどの限られた種だけが毒をもっています。カモノハシと異なり、トガリネズミのなかまの毒は、唾液に含まれています。一方、はるか昔、中生代には、多くの哺乳類が毒をもっていたという説もあります。化石の足の骨から、多臼歯類などの中生代の哺乳類で少なからぬ種がけづめをもっていた可能性がいわれているのです。その説によると、私たち真獣類や有袋類の系統でけづめが失われたのだということです。カモノハシのけづめは単孔類に特徴的なものではなく、哺乳類の祖先がもっていたものを、いまだにもち続けているという意味で稀有なものなのかもしれません。

もう一つの単孔類であるハリモグラにもけづめがあり、そこにつながる「毒腺」があります。ハリモグラもカモノハシと同様に、オスだけにけづめが発達します。ところがハリモグラでは、このけづめは別の目的に使われているようなのです。２０１３年に発表された研究では、ハリモグラのけづめから出る分泌物はカモノハシの毒と成分が異なり、揮発性の物質が多いことが報告されています。そのため、その論文では、ハリモグラではオスがメスを誘うためのにおいを出す器官として役立っているのではないか、という説を提示しています。実際のところ、ハリモグラのけづめは短く（カモノハシが1・5センチあるのに対してハリモグラは1センチ程度）、ハリモグラの体がハリだらけなことを考えても、何かを刺す用途には使えなさそうです。一方で、何かを刺すためのけづめという構造は武器として使うのに適した構造ですから、けづめの使い方はハリモグラ型ではなく、カモノハシ型がもともとの使い方だったと思われます。

## カモノハシの卵巣

カモノハシは卵を産むだけでなく、繁殖に関わる器官に不思議な特徴をたくさんもっています。その一つが卵巣です。哺乳類は一般に左右に卵巣をもち、どちらも機能するのですが、カモノハシは2つの卵巣のうち右側は発達せず、左側だけが機能します。このように左側の卵巣だけが機能するのは、ニワトリなど多くの鳥類で見られる特徴として知られています。とはいえ、カモノハシと鳥類が同じような特徴をもっているのはたまたまで、それぞれ独立に進化したものだと考えられています。というのも、ハリモグラはほかの哺乳類と同じように、左右両方の卵巣が発達するからです。カモノハシが、なぜこのような特徴をもっているのかはわかっていませんが、鳥類と同様に「左が発達する」ということは、人間の心臓が一般に左側に位置するのと同様、とても興味深い事実です。

## カモノハシの不思議な性染色体

カモノハシは卵巣だけでなく、性別を決定するしくみもとても変わっています。多くの哺乳類は性染色体とよばれる染色体の分配によって性別が定まります。ヒトですと、ＸとＹの１対の性染色体が性別の決定に関わり、一般にＸＸならば女性に、ＸＹならば男性になります。これがカモノハシですと、性染色体が５対もあります。つまり、メスならばＸＸＸＸＸ　ＸＸＸＸＸの染色体をもちますし、オスならばＸＸＸＸＸ　ＹＹＹＹＹの染色体をもつのです。

この性染色体の一部は、鳥類のＺＷ染色体（ＺＺがオス、ＺＷがメスを指定する）に近いといわれています。この場合、「近い」というのは染色体上にある遺伝子の種類からいわれていることです。性染色体自体が進化したのは、鳥類と哺乳類の共通祖先よりも後の時代のようで、哺乳類では単孔類とそれ以外の哺乳類とで、独自に進化した可能性が高いといわれています。

鳥類と単孔類の性染色体の類似性はまったくの偶然なのか、それとも性別を決定する機構になにかしら共通性があるのか、単孔類はさまざまな問いかけを私たちに与えてくれる不思議な生き物です。なお、ハリモグラはオスの染色体がＸＸＸＸＸ　ＹＹＹＹと、Ｙ染色体が１つ少なくなっています。カモノハシもハリモグラも、精子や卵をつくる減数分裂の際には、これら複数の染色体が同時に配分されることで、Ｘ染色体とＹ染色体が混ざり合っておかしくならないようになっています。

## 2-4 動物園で繁殖

### 伝統あるカモノハシ動物園

オーストラリアのかつての首都であり、ビクトリア州の州都であるメルボルンの郊外、自動車で1時間ほどの距離にヒールズビルとよばれる小さな街があります。昔、その地を治めていたアボリジニの族長から名をとったヤラ川の流れる、ヤラ・バレーとよばれる地域の東の外れに位置します。ここは、ビクトリア州有数のワイン産地です。ブドウの木が茂り、ワイナリーがいくつもある田舎道を進んでいくと、ヒールズビルの街が見えてきます。街にはかつての開拓時代を思い起こさせる古風な建物が並んでいます。

その街の南にある森の中に、ヒールズビルサンクチュアリという動物園があります。１９３４年に動物学者のサー・コリンズ・マッケンジーが自身の研究のために設立した、由緒ある動物園です。一見すると小さな田舎の動物園なのですが、じつはカモノハシの繁殖で大きな業績を上げてきた動物園なのです。初期からカモノハシを飼育し、その研究を行ってきたこの動物園が１９４４年、動物学者デビッド・フレイ指揮の下、世界で初めて、飼育下でカモノハシの繁殖に成功しました。その逸話は第6章で扱います。

それから50年以上、カモノハシの繁殖は成功しなかったのですが、１９９９年、ついに2度目の繁殖に成功します。「ヤラヤラ（Yarra Yarra）」と「バラク（Barak）」と名づけられた双子のカモノハシは、動物園の人気者となりました。さらに、２００１年にもカモノハシが誕生し、「マッケンジー（McKenzie）」と名づけられました。その後、この動物園のチームは、シドニーのタロンガ動物園とも協力し、タロンガ動物園でもカモノハシの繁殖に成功させるなど、カモノハシ繁殖の技術を確立しつつあります。

ここでは、「platypusary（platypus＝カモノハシ）」と名づけられた専用の飼育装置でカモノハシを飼育しています。餌とり用の水槽や巣穴、浄化装置が一体になったものです。カモノハシは夕暮れから朝にかけて行動性が高いため、泳いでいる姿を展示するための水槽は薄暗い部屋に備えつけられています。屋外には、生まれたばかりの子どもが泳ぎ回るための水槽が展示されています。

カモノハシの繁殖と子育ては謎に包まれていましたが、このヒールズビルサンクチュアリではカモノハシの行動が飼育装置に設置されたカメラによって克明に記録されました。１９４４年の際は手探りでしたが、今度は多くの記録を得ることができ、それによって、カモノハシの繁殖行動の秘密がわかってきたのです。

## カモノハシ誕生！

物語は、１９９１年に、コオリナ（Koorina）というメスのカモノハシと、Nというオスのカモノハシが、ヒールズビルサンクチュアリ近くのクリークで捕まえられたところから始まります。体重からまだ若い個体であると判断された彼らは、ヒールズビルサンクチュアリで始まっていた、カモノハシ繁殖プロジェクトに供せられることになりました。2匹は一緒に飼われ、すくすくと育っていきました。

最初のうちは、とくに変わったことは起こりませんでした。オスのNが2歳になった頃（92年）、春先にうなり声を上げたり、多少攻撃的な行動をとるようになったくらいでした。94年、9月末から10月初めにかけて、2匹は、くちばしで尾をくわえたり、くちばしを押しつけあうような動作を示します。これは1944年にカモノハシの繁殖に成功したときにも見られた、繁殖行動（求愛行動→39ページ図）の一つであると考えられました。しかしその年、その行動はすぐに行われなくなり、Nはコオリナに対して興味を示さなくなってしまいました。95年にはこの求愛行動は減りましたが、96年、互いにくちばしをやさしく押しつけあい、Nがコオリナの尾をくちばしでくわえて輪になるようすが何度も目撃されました。ところが、97年には、このような行動は一切見られませんでした。

　このように、Nとコオリナのカップルはくっついたり離れたりを繰り返していたようですが、ついに1998年、8年越しの恋（?）が実を結ぶときがやってきました。10月末になると、2匹は互いに興味を示し始めます。11月になると求愛行動が見られ、そして交尾が行われるのが観察されました。11月15日から18日には、コオリナは巣穴を掘りました。彼女はその後、巣穴の入り口付近を、走ったり泳いだりと、行ったり来たりする変わった行動をします。

　コオリナはその後の23日から27日のあいだ、巣穴に閉じこもって出てこなくなりました。研究チームは、コオリナがこの期間に卵を産んだと考えました。それから12月の初めまで、コオリナは、あまり巣穴の外で活動せず、餌をとる量も少ない状態が続きました。巣穴の外に出てこない日もありました。しかし、12月14日から、餌をとる量が増え始め、通常より多く餌を食べるようになっていきます（最大1日当たり900グラム。普段の体重が1キロで、通常カモノハシが必要とする1日当たりの食べ物は体重の13～28パーセント程度だということを考えるとすごい量です）。その期間、おそらくコオリナは子育てに励んでいたのでしょう。途中、巣穴の入り口付近が崩れるハプニングもあり、その修理（穴掘り）に追われもしましたが、コオリナの子育ては順調に進んでいきます。

そして年が明け、１９９９年4月3日がやってきました。ついにコオリナの子どもが、巣穴の外に姿を現したのです。オス2匹の兄弟のうち、小さいほうのヤラヤラが巣穴の外に出てきました。卵が生まれたと考えられる日から数えて１３１日目のことでした。その5日後、もう1匹の兄弟、バラクが姿を現します。その日、コオリナとヤラヤラの親子は水の中で一緒に泳いでいます。

それぞれ、出現から2日目に捕まえて体重を量ったところ、ヤラヤラは５５１グラム、バラクは９１２グラムでした。ヤラヤラは最初、歩き方がおかしく、右の後ろ足が悪いのではないかと心配されましたが、レントゲン写真を撮ったところ異常は発見されず、その後は順調に育っていきました。子どもたちが巣穴の外に現れた頃からコオリナの採餌量は減少し、通常のそれ（1日当たり２００～３００グラム）に戻りました。子どもたちは、5月半ばまでには親離れし、別の水槽へと移動させられました。

### 観察からわかったこと

この一連の観察から、カモノハシの妊娠期間は15～21日間であることがわかりました（ハリモグラは27日）。ほかにも子どもの体重、採餌量の変化など、重要な知見が得られたのです。このことを報告した論文では、カモノハシの人工繁殖には、なるべく若いうちから同じ飼育装置で、ペアで飼うことが重要なのではないかとまとめています。カモノハシは神経質な生き物なので、装置にもペアにも、なるべく慣れさせるのが重要なのでしょう。

ヒールズビルサンクチュアリでは、一年を通じて同じ2人の飼育員がカモノハシの飼育を担当するそうです。カモノハシたちは、担当の人が捕まえて体重を量るときはおとなしいのですが、別の人が触れると暴れたり、うなったりすることもあるようです。なお、その昔、ロバート・エディーという人物がスプラッシュ（Splash）というカモノハシを飼いならした記録があるのですが、スプラッシュはモップの先にじゃれついたり、モップの先でブランコされたりと、人を恐れなかったそうです。カモノハシは、親身に世話すれば慣れてくれる生き物のようです。

カモノハシの飼育経験を積んだヒールズビル動物園では、カモノハシに触れることのできるアトラクションも開設され、大人気のようです。以前、オーストラリアで行われた国際学会でカモノハシの研究を発表したことがありましたが、そのときの聴衆の1人がヒールズビル動物園の飼育員さんでした。学会の席上で彼女から聞いた話では、カモノハシに触れられるアトラクションは人気のため、予約しても半年待ちとのことでした。

**カモノハシの持ち方**
（ヒールズビル動物園「カモノハシとり扱い方法のガイドライン」より作成）。

ヒールズビル動物園では、長年のカモノハシ飼育の経験から「カモノハシとり扱い方法のガイドライン」をつくっています。そこには「カモノハシは尾を持つように」とあります。尾を持つと、後ろ足のけづめで人間を刺そうとしても、足が届かないとのことです。
野外で捕まえるときはオスかメスかわからないので、こうすれば安全です。カモノハシの尾には太い骨が通っていて頑丈なので、尻尾を持ってもだいじょうぶです。

# Chapter 3

# カモノハシと哺乳類の進化

# 3-1 カモノハシから考える哺乳類の進化の歴史

## 単弓類の進化

カモノハシは、哺乳類の進化を考える上で極めて重要な位置にいます。カモノハシを知ることは、哺乳類の進化の歴史を知ることでもあるのです。ここでは、哺乳類が誕生するまでと、初期の哺乳類の歴史をお話しします。過去の生き物たちをカモノハシと比べつつ、その中から見えてくる哺乳類らしい特徴の進化の歴史を見ていきましょう。現在ではいなくなってしまったカモノハシの祖先「化石単孔類」たちも紹介します。

生命が誕生したのは今から30億年以上昔といわれていますが、目に見えるサイズの生物が生まれたのは約6億年前です。そして、背骨をもつ「脊椎動物」が現れます。脊椎動物は、海中で多様化した動物の中でも繁栄した一群となりました。その中から、陸上に進出した「陸上脊椎動物」とよばれるグループが生まれます。その誕生は約３億６０００万年前といわれています。

最初の陸上脊椎動物は両生類のなかまで、４本の脚をもっていました。我々を含め、その子孫である陸上脊椎動物は、すべて4本脚をもつのが基本構造ですので「四足動物（四肢動物）」とよばれます。

その後、卵が羊膜という膜に包まれ、より乾燥に強い特徴をもったグループ「有羊膜類」が進化してきます。この有羊膜類のうち、現在生き残っている動物につながる系統は、大きく2つあります。一つは現在生き残っている爬虫類や、恐竜から進化した鳥類につながる系統です。もう一つは私たち哺乳類につながる系統です。

前者は双弓類とよばれ、後者は単弓類とよばれています。これは顎を閉じる筋肉が通る穴の数がちがうことからつけられた名前です。単弓類は穴が1つであり、弓なりに伸びるアーチ状の骨が1つである一方、双弓類は穴が2つであり、アーチ状の骨も2つあることからその名がついています。

これら2つの系統は、3億年以上前に誕生したといわれています。単弓類のなかまはペルム紀（約2億9900万年前から約2億5200万年前）に一度大きく繁栄し、地上の覇者となりますが、三畳紀（約2億5200万年前から約2億100万年前まで）に現れた恐竜類に、その地位を奪われてしまいます。とはいえ、恐竜が栄えた時代にも生態系における重要な位置をそれなりに占め、恐竜の絶滅後、哺乳類として、また地上を席巻します。

哺乳類の特徴は、哺乳類以前の単弓類における進化の過程で徐々に獲得されていったものです。哺乳類以前の単弓類の

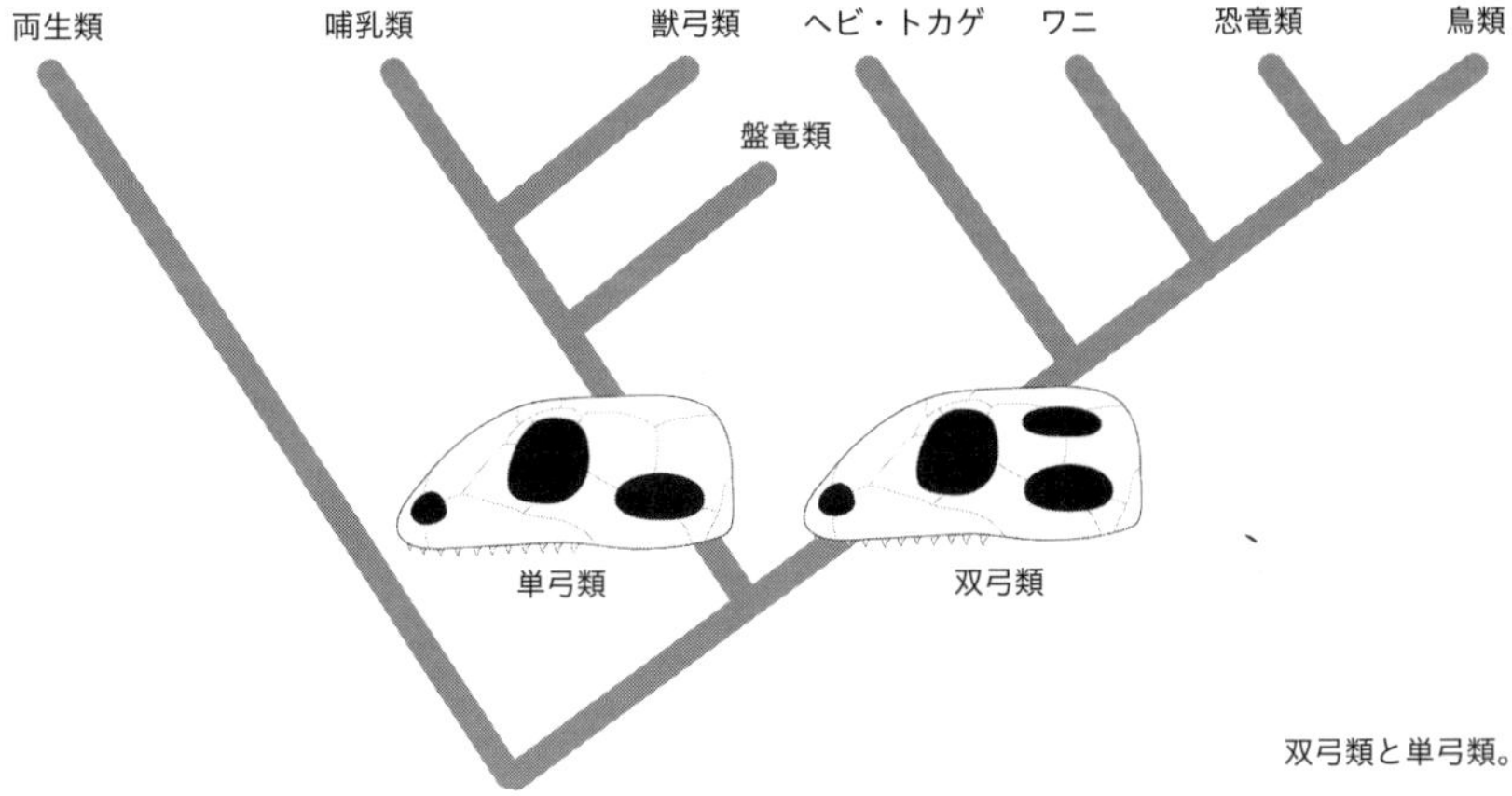


双弓類と単弓類。

なかまは「哺乳類型爬虫類」とよばれたこともありました。図鑑などでこの名前を聞いたことがある方もいるかもしれません。

## 盤竜類の誕生と異形歯性の獲得

単弓類の中で、最も原始的ななかまは「盤竜類」とよばれています。約3億年前の石炭紀後期に誕生し、ペルム紀には有力な一群として栄えました。有名な盤竜類として、ディメトロドンが知られています。背中に帆をもつ特徴的な姿は多くの自然史博物館で復元展示されているので、見かける機会も多いかと思います。

ディメトロドンは、生息していたおよそ2億8000万年前において、地上最大級の肉食動物でした。骨に残された痕から、大きな帆には太い血管が通っていたようです。そのため、ディメトロドンはこの特徴的な帆に太陽の光を浴びて体温を上げ、暑いときには放熱して体温調節をしていたと考えられています。

体温を一定に保つという恒温性は哺乳類の特徴として知られていますが、この原始的な体温調節のしくみをもっていたディメトロドンなどの単弓類にその起源を見ることができるでしょう。しかし、現在の哺乳類のように、もっと洗練された体温調整の機能を得るには、かなり後の時代まで待たなければなりません。カモノハシも、ほかの多くの哺乳類より体温が低いことが知られています。

そのほか図鑑などでよく紹介されているエダフォサウルスという分類群も、背中に帆をもった盤竜類です。歯の摩耗などの研究から、最も初期の本格的な植物食の有羊膜類の一つといわれています。ペルム紀には、盤竜類はさまざまな食性に適応放散していたようです。

哺乳類の特徴の一つに「異形歯性」とよばれるものが挙げられます。これは、切歯や犬歯、小臼歯、大臼歯といったように、歯が、いくつかの種類に分かれていることを示します。これに対し、ほとんどの爬虫類では、歯列中のすべての歯が単純にとがった形の「単尖歯」であり、種類が分かれません。

この異形歯性の起源はすでに盤竜類の段階で見られます。ディメトロドンの歯を見ると、哺乳類のもつ犬歯のような大型の単尖歯で、歯の大きさにちがいが表れています。エダフォサウルスはとがった歯と、丸みを帯びた歯をもっています。この形態は、食性とも関係しています。

## 獣弓類の繁栄

盤竜類の繁栄も、2億5200万年前の

単弓類ディメトロドンの骨格。

ペルム紀末には終焉を迎えます。その少し前の時代には、より洗練された単弓類の分類群「獣弓類」が出現しています。彼らは史上最大の大絶滅といわれるペルム紀末の大絶滅を生き延び、三畳紀に繁栄を遂げます。獣弓類は盤竜類よりも多様化しており、哺乳類らしい特徴を徐々に獲得していきます。

ディメトロドンでも見られた犬歯のような歯は、獣弓類のディキノドン類ではより顕著となります。また、ペルム紀のアフリカに生息していたディキノドン類の1種、ディイクトドンでは、多数の異なる発生段階の子どもが一緒に巣穴でくらしていたと思われる化石が見つかっています。巣穴が洪水に襲われ、泥に埋まって全滅してしまった悲劇の跡が化石となったのですが、これは巣穴の中で子育てをしていた証拠ではないかと考えられています。

## 腺と体温調節、子育て

獣弓類のエステメノスクスとよばれる分類群では皮膚の跡が残った化石が見つかっています。毛は見られず、分泌腺（汗腺？）のようなものをもっていたと報告されています。現在の哺乳類では汗腺は体温調節のほか、においを出すことで個体間のコミュニケーションをとることに使われていますが、もしこれが汗腺であったとして、なにに使われていたのかはわかりません。汗腺のような腺が、授乳の起源であるという説もあります。

より哺乳類に近い特徴をもつ獣弓類であるキノドン類の一部では、頭骨にヒゲの根本から伸びる神経の痕のようなものが残されており、体毛をもっていた可能性が示されています。体毛は体温調節に重要な役割をはたすことができます。ここに、哺乳類の特徴である恒温性を維持するための道具がそろいつつありました。

こういった異形歯性や子育て、体温調節のための汗腺や体毛など、哺乳類の特徴と考えられる形質は、単弓類の進化の過程で、段階的に少しずつ獲得されてきたものであることがわかります。現代の動物で比べてみると、最も原始的な特徴を残した哺乳類であるカモノハシなどの単孔類でさえ、双弓類のなかま（ヘビ・トカゲ類やワニ、鳥類など）とは大きくちがって見えます。双弓類と単弓類が分かれたあと、単孔類の誕生までの期間に現れたであろう、進化の過程の証拠となる中間的な分類群は、すべて絶滅してしまっているため、その断絶が顕著に感じられるのです。

獣弓類の繁栄も、三畳紀末に起こった大絶滅で一段落してしまいます。この事件で、多くの系統が絶滅してしまい、次の覇者、恐竜の時代が始まるのです。この時代、ペルム紀に30パーセントほどあった酸素濃度が三畳紀では10パーセントほどになるという環境の変化がありました。恐竜や、その子孫である鳥類は気嚢を用いた呼吸のシステムをもっていて、これが低酸素環境において有利であったことが、その後、これらの分類群が繁栄した理由の一つといわれています。

ペルム紀以来、ずっと地上の主役だった単弓類の系統は、ここで主役からは一時身を引くことになりました。しかしキノドン類の系統から進化した哺乳類の系統は、中生代を生き延びます。彼らが次に地上の表舞台に躍り出るのは、恐竜の絶滅後、新生代に入るまで待たなければなりません。それでも、単弓類の系統は哺乳類の時代を含めると2度も大繁栄していますから、なかなかに優秀な一群であるとはいえそうです。

# 3-2 哺乳類の誕生

## 初期の哺乳類

哺乳類らしい形質は徐々に進化していったため、数ある化石種のどこからを哺乳類とよぶかは難しい問題です。古生物の研究では、歯や骨の化石しか残らないことが多いため、歯や骨に残る特徴で分類することが行われてきました。哺乳類の場合、下顎骨が歯骨という単一の骨で構成される、あるいは下顎の顎関節が哺乳類型で構成されるようになった生き物を哺乳類とよぶ区分が用いられる場合が多くあります。これは後に述べますが、哺乳類の非常に重要な特徴です。

一方で、系統学的に哺乳類を定義づける場合、現代生息している哺乳類に注目し、共通祖先とそのすべての子孫を哺乳類とよぶやり方があります。共通祖先と現生の真獣類、有袋類、単孔類のすべてに加え、それらの中間に位置する絶滅した一群も哺乳類とよぶということです。この場合、その定義からカモノハシやハリモグラなどの単孔類が最も原始的な哺乳類となります。このとき、単孔類よりも原始的な哺乳類のなかまを含めた大きなグループを「哺乳形類」とよびます。単孔類よりも我々側は狭義の哺乳類、哺乳形類は広義の哺乳類といってもいいかもしれません。どちらにしても、単孔類は極めて原始的な哺乳類の一群であることだけは確かです。

諸説ありますが、今のところ、最古の（広義の）哺乳類（＝哺乳形類）ではないかといわれているのは中生代の三畳紀後期、2億2500万年前の北アメリカに生息していたアデロバシレウスです。現在のトガリネズミのような姿をしていたようですが、見つかっているのは頭骨の一部で、詳しいことはわかっていません。

それから1000万年ほど時代を下ると、複数の（広義の）哺乳類のなかまが出現しています。モルガヌコドンやメガゾストロドンといった生き物は多くの骨が見つかっており、頭骨長が2・6センチと、これもトガリネズミくらいの大きさだったようです。一方で中国から見つかったシノコノドンは頭骨長が6センチにもなります。これは現在のイタチくらいのサイズです。また、カストロカウダというなかまは、ビーバーのような姿をしていて、半水棲のくらしをしていたと考えられています。このような初期の哺乳類たちは、中生代という恐竜が陸上の王者として栄える時代でも、それなりに多様化していきました。

## 単孔類の進化とゴンドワナ大陸

カモノハシなど単孔類につながっていく系統が生まれるのは、哺乳類の誕生から少しだけ後の時代と考えられています。遺伝子の配列（分子進化）や、化石記録から推測した研究では、三畳紀後期かジュラ紀初期の2億1000万年前から1億6000万年前くらいではないかと考えられています。これらの一群は「オーストラロスフェニダ（南楔歯類）」とよばれ、南方の大陸であるゴンドワナ大陸で繁栄しました。当時の地球は、超大陸パンゲアが分裂していく途中でした。カモノハシの系統と私たちの系統が分かれたことには、この大陸移動が関係あるといわれています。

地球上のすべての大陸が集まってできていたパンゲアは、まず北方の大陸ローラシアと南方の大陸ゴンドワナに分かれます。私たち有胎盤類と有袋類はローラシア大陸で誕生したのに対し、オーストラロスフェニダを含む、単孔類のなかまはゴンドワナ大陸で誕生したといわれています。ゴンドワナ大陸は現在でいう南アメリカ、南極、オーストラリア、インド、アフリカを含みます。現在オーストラリアだけでカモノハシが生き残っているのにはそのような経緯があるのです。また、南アメリカ大陸からも単孔類の化石が発見されています。

　単孔類の系統が分かれた後、いくつもの哺乳類の系統が生まれ、ある程度の繁栄を遂げますが、最終的にはそのほとんどが滅びてしまいます。たとえばカモノハシたち単孔類よりも、私たち真獣類や有袋類に近縁な哺乳類のグループとして、三錐歯類や多丘歯類が知られています。これらは非常に多様化したグループでした。コヨーテや中型犬くらいのサイズで恐竜の子どもを食べていたというレペノマムスや、今のムササビのような皮膜をもった最古の滑空性哺乳類であるボラティコテリウムなど、多様な哺乳類が知られています。これらは単孔類を含め、「中生代哺乳類」としてまとめられますが、

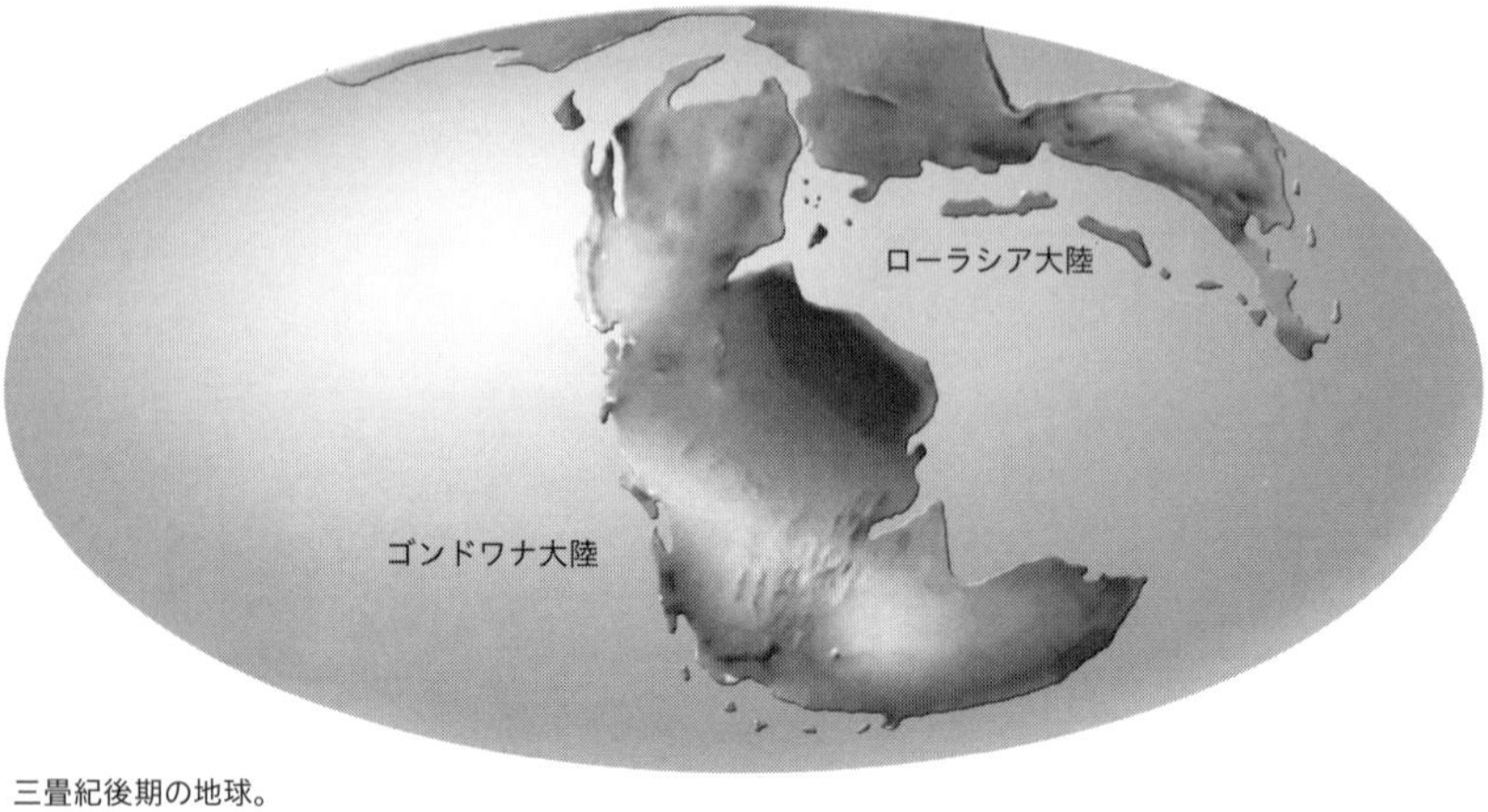


三畳紀後期の地球。

現在は単孔類を残してすべて滅びてしまっています。単孔類よりもある意味で「進んだ」哺乳類の多くが絶滅してしまったにも関わらず、それでも生き残っている単孔類は、進化の優等生といえるのです。

## 3-3 哺乳類らしさの進化1　子育てと授乳

### 哺乳類は子育てをする

さて、このように哺乳類のなかまが誕生し、進化する過程の中で、今の私たちがもっている哺乳類の特徴はどのようにして獲得されてきたのでしょうか。いくつかの特徴に注目しつつ、その進化を追いたいと思います。まずは、子育てと授乳の進化について見ていきましょう。

カモノハシは卵を産み、母乳での子育て、すなわち「哺乳」をします。ですから、哺乳類は、赤ちゃんを産む「胎生」という特徴よりも、母乳で子育てをするという特徴を先に進化させたことになります。この母乳というしくみは、親から子への資源の受け渡しと見なすこともできます。「哺乳」は「哺乳類」という名前をつけた、分類学の創始者リンネが重視したことでもありますが、子どもをたいせつに育てるしくみが、哺乳＝授乳なのです。母乳を生産したり、子どもの世話をしたりと、子育てにエネルギーを注ぐのは、哺乳類の大きな特徴といえます。

多くの爬虫類は、子育てにあまりエネルギーを割きません。たとえばウミガメは、卵を産むと海に帰ってしまいます。孵化した仔ガメは自力で海へと向かい、そのまま1人でくらしていきます。一部、ワニなどでは、ある程度子どもを守ることもありますが、哺乳類とは子どもの世話のしかたが大きくちがいます。

一方、哺乳類の祖先、単弓類の系統では、古くから子育てに力を注いでいたと思われる事例が見つかっています。先ほどお話しした、ペルム紀後期のアフリカに生息していたディイクトドンは、巣穴の中で子育てをしていました。

### 母乳の始まり

母乳と汗には深い関わりがあるという研究があります。獣弓類には汗腺をもっていたと思われるグループがいました。汗腺というと、水分としての汗を分泌して、体温を下げるという機能を思い浮かべる方が多いのではないでしょうか。これは汗腺の重要な機能でもあるのですが、もう一つ、タンパク質や脂肪分を分泌する汗腺もあります。分泌された成分は、皮膚上で細菌によって分解され、においを発します。水分の多い汗を分泌するのは「エクリン腺」、タンパク質や脂肪分などの成分が多い汗を分泌するのは「アポクリン腺」とよばれます。

このアポクリン腺という汗腺が、ミルクを分泌する乳腺の起源ではないかといわれています。乳腺のほうが構造はより複雑ですが、汗腺も乳腺も、どちらも皮膚の表面が皮膚の奥まで陥入した構造をしており、そこから外分泌物が出るという特徴をもちます。母乳にカゼインというタンパク質や、乳脂肪分が多く含まれていることもこの関係を裏づける要素です。汗というのは、体温調節(恒温性)やにおいコミュニケーション、そして母乳という、哺乳類らしい特徴と関連する重要な特徴なのです。

## 授乳の起源

哺乳類では母親の分泌した母乳は子どもが飲み、親から子へと水分や栄養分が受け渡されますが、卵の殻を通して親から子へと資源を渡す方法をとる生物もいるようです。

卵というと、私たちはニワトリの卵を思い浮かべることが多く、硬い殻でおおわれているようすを想像しがちですが、カモノハシをはじめ、ウミガメやトカゲなど、多くの羊膜類の卵は柔らかくぶよぶよしています。このような特徴を指して「羊皮紙状の卵」といいます。

これらの卵は産み落とされたあと、外界から水分や塩分をとりこむことができるといわれています。このような種類の卵であれば、汗腺の発達した親が卵をおなかで包み、そして

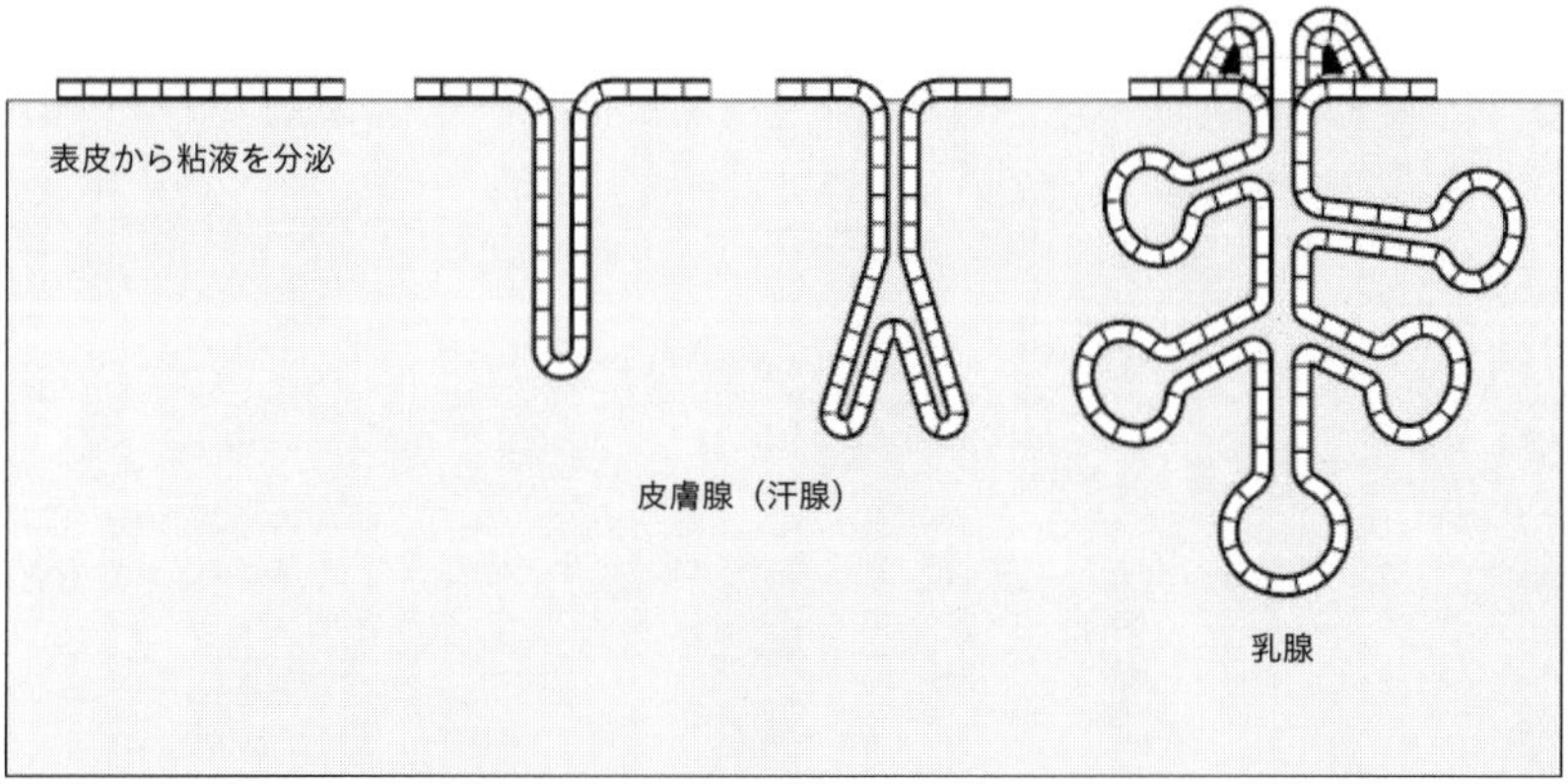


汗腺も乳腺も皮膚の表面が皮膚の奥まで陥入した構造をしている。

汗をかくことで、卵に水分や塩分を供給することができます。このように、皮膚を通して子ども（卵であれ動き回る乳児であれ）になんらかの資源を供給するしくみが授乳の起源ではないかといわれているのです。

汗腺が獣弓類の段階ですでに獲得されていた可能性は、哺乳類の特徴である授乳の起源を考えるきっかけになりそうです。そのルーツをたどると、授乳というシステムは、子どもが口を通して飲むというだけのものではないのかもしれません。

## 単孔類の乳頭？

現在の単孔類では、母乳は母親のおなかに汗のように染みだしてきます。これは原始的な特徴と考えられています。ところが、２０１８年に学会発表された報告では、単孔類の口の研究から、母乳を吸いこむための構造があるという説が提示されています。

その説によれば、単孔類の祖先はすでに乳頭をもち、子どもはそれをくわえて母乳を吸いこんで飲むことをしていた可能性があり、現代の単孔類は、二次的に乳頭を失っているということです。まだ研究途上の内容であり、この説に信ぴょう性があるかは、まだわかりませんが、おもしろい話です。

私としては、吸いこみ食に適した構造が口にあったとしても、必ずしも母乳の摂取方法に結びつける必然性はないように思います。カモノハシ型の動物が水中で採餌するときや、ハリモグラ型の動物がアリを食べるときの吸いこみ運動に役立つ可能性もあるわけですから。とくに水中生活をする動物には吸いこみ食をするものも多く、単に祖先の水中生活を示唆するものである可能性もあります。また、単孔類の母乳には細菌が増殖しにくくなる成分が多く含まれていて、皮膚に染みだしたあと摂取するやり方にうまく適応しています。ですから、私にはどうも現代の単孔類における授乳のシステムは、はるか祖先のスタイルを踏襲しているもののように思えるのです。

なお、2019年には、化石に残された舌骨の形態から、単孔類以前の哺乳形類の段階から液体（つまりミルクなど）を飲むのに適したのどの構造があったことが明らかになっています。授乳の起源を考える上で興味深い知見です。

## 子育ての戦略

母乳は親から子どもへ与える資源です。これは少ない子どもをたいせつに育てる子育て方法と密接に関わります。

生物がより多く子孫を残すための戦略として、たくさん子どもを産む一方で、子ども1人1人にはあまり資源を配分しない戦略「r戦略」と、子どもを少数だけ産み、その1人1人に多くの資源を配分する戦略「K戦略」の2つのベクトルがあるといわれています。これは生態学の用語で、たとえばヒトが多くの場合、一度に1人だけ赤ちゃんを産んでたいせつに育てるのは、K戦略的であるといえます。カモノハシも

カモノハシの授乳。

一度に産む卵は多くの場合2つですから、K戦略的です。一方で、魚類などには何百何千という卵を産むものもいて、これはｒ戦略的といえます。

　哺乳類以前の単弓類のなかまはどのような戦略をとっていたのでしょうか。２０１８年に発表された論文で、哺乳形類に極めて近いキノドン類、トリティロドンのなかまの産子数が明らかにされています。その論文によると、母親が一度に産んだと思われる幼体が38個体もあったとのことです。かなりの子だくさんです。これを考えると、哺乳類になりかけの段階では、今の哺乳類ほどのK戦略はとっていなかったと考えることができそうです。その点では、今のカモノハシは卵で子どもを産むものの、十分に哺乳類らしい子育てをしているともいえるでしょう。

## 3-4　哺乳類らしさの進化2　胎盤の進化

### 謎の胎生の起源

続いては胎生というしくみの進化について考えてみましょう。カモノハシは「卵を産む哺乳類」です。

これはカモノハシの特徴を端的に示した言葉でしょう。多くの哺乳類が、卵ではなく赤ちゃんを産むからこその言葉です。

カモノハシが卵を産むことから、哺乳類が胎生を進化させたのは、単孔類と赤ちゃんを産む哺乳類（有袋類と真獣類）とが分かれたよりも後の時代だったことがわかります。しかし、胎生が単孔類と有袋類のあいだのいったいどこで進化したのかは、いまだ謎の部分があります。

中生代に栄えた哺乳類の多臼歯類は、胎生であったとする説もあります。それに従うと、単孔類のなかまが分かれてからすぐに胎生が進化したことになります。しかしこれは、卵や赤ちゃんを育む骨盤の形態などの研究によるものです。有袋類でも生まれてくる子どもはとても小さいことから、骨盤の化石記録だけではなかなか決定的といえる証拠を得ることは難しいようです。さらにカモノハシや単弓類といった有羊膜類の卵は、殻が硬くない柔らかい卵なので、化石として残りにくく、それが胎生が進化した時期を調べるのが難しい理由の一つです。

## 有袋類の誕生

現生の哺乳類には、卵生の単孔類と、胎生の有袋類、真獣類がいます。胎生の哺乳類には、胎盤という、胎児と母体のあいだをつなぐ構造が発達しています。

このうち有袋類の胎盤は「卵黄嚢胎盤」といって、二酸化炭素や酸素の出し入れといったガス交換の機能が、真獣類の胎盤よりも低く、不完全な胎盤ともいえるものです。そのため、有袋類は胎生といっても、まだ小さく、未熟な状態で赤ちゃんを産みます。有袋類は新生児を、その名の由来である、おなかの袋の中で育てます。有袋類の新生児がどれだけ未熟かというと、頭と前脚はある程度でき上がっていますが、後ろ脚は未完成な状態で生まれます。なぜ頭と前脚だけでき上がっているかというと、有袋類の新生児は産み落とされた後、前脚を使って自力で袋を登るためです。そうして、母体の乳頭（乳首）にかじりついて、ミルクをもらいつつ体を安定させるのです。そのまま袋の中で育った子どもは、やがて後ろ脚も発達し、大きくなると袋から顔を出すまでになります。真獣類の新生児とは、かなり発達度合がちがいます。私たち真獣類がもっている、十分に成長してから生まれてくる胎生という特徴も、卵生から一足とびに完成したものではなく、有袋類のような、ある種の中間段階を経て、徐々に進化してきたものです。

## じつはカンタン？　胎生の獲得

一方で、卵生と胎生のあいだの壁は、じつはそれほど高くないのかもしれません。卵生と胎生が頻繁に進化する現象がヘビ・トカゲ類（有鱗類）で見られます。ある研究によれば、ヘビ・トカゲのなかまでは、卵生から胎生への進化は、１１５回は起こったということです。寒冷な気候の中で卵を体内に保持するしくみが発達し、その結果、体内で卵を孵すようになり、ついには原始的な胎盤すら形成するものまでもいるようです。

なぜこうも胎生への進化が起こるのか？　それはヘビ・トカゲ類の卵や皮膚の構造が関係している可能性が考えられます。ヘビ・トカゲ類の卵は羊皮紙状であり、水分などを吸収することができます。この卵は地面に埋められた後、土の中の水分・ミネラルを少し吸収できるようです。卵が外部から水分などを吸収できるしくみをもっていることが、哺乳類の汗と母乳の進化と関連していることはお話ししました。カモノハシやハリモグラであれば、卵を産むスタイルでも、親から子へと子育てのための資源（母乳）を与えることができます。しかし爬虫類は汗をかきません。ですから、汗などの分泌物を使って、皮膚から水分を卵に与えることはできないのです。もちろん、皮膚のどこかに乳腺が発達するということもありません。そこで、爬虫類のなかまが子どもに直接資源を与えようとすれば、物質を分泌できる子宮内膜から与えるしかないわけです。その結果、おなかの中で卵に栄養を与えて孵す、卵胎生というしくみが進化したのではないか、私はこのように考えています。

## 3-5 哺乳類らしさの進化3　恒温性と体毛

### 体毛のルーツ

恒温性や、体毛も哺乳類の際立った特徴です。恒温性の起源は、背中の帆を体温調節の道具としていたと考えられる盤竜類のディメトロドンやエダフォサウルスにまでさかのぼれるかもしれません。帆に血液を送り、帆を風に当ててラジエーターとして体を冷やすことや、反対に日光を当てて温めることをすれば、体温調節に役立ちます。単弓類の進化の初期段階で、すでに我々の恒温性につながるしくみが現れ始めていたのです。しかし、現在の哺乳類がもつような、完全な恒温性になるまでは、さらに多くの段階を踏んでいかなければなりませんでした。

獣弓類のエステメノスクスでは、皮膚の形の残った化石から皮膚に汗腺らしきものが見られるという報告が１９６８年になされていますが、体毛はなかったようです。同じく獣弓類のゴルゴノプスでは頭骨のくぼみに感覚毛（ひげ）があったことが示唆されています。また２０１５年の論文では、ペルム紀後期の糞化石から、毛のような構造物が報告されており、この時代の獣弓類単弓類の体毛ではないかと論じられています。この時代の哺乳類の祖先たちは体毛をもっていたのでしょうか？　だとすると、体毛は体を温めるための構造とも考えられるので、ある程度恒温性の能力を獲得していたかもしれません。より哺乳類に近いキノドン類では恒温性がもっと発達し、体毛があっただろうと考えられています。

現代のカモノハシは体温が32度と、ほかの哺乳類に比べると低めです。それでも真冬の寒い川で泳げます。寒さに対する耐性が強いことから、体温を保つという意味では、カモノハシは十分な恒温性の能力をもっているといえるでしょう。哺乳類は、汗による冷却や、体毛による保温といった体温調節の能力を、長い時間かけて少しずつ獲得してきたのです。

体毛があるとそこに寄生虫がすみ着くことがあり得ます。こうした寄生虫に対応して進化したといわれているのが、免疫に関わる免疫グロブリンのうち、ＩｇＥ※とよばれる成分です。このＩｇＥは哺乳類だけがもつ免疫グロブリンで、アレルギー反応に関わります。このタンパク質は、もちろん、カモノハシをはじめ単孔類にもあります。友人に、カモノハシは花粉症になるのか？　と聞かれたことがあるのですが、ＩｇＥがあることからアレルギー反応を起こすこともあるだろう思われます。ＩｇＥが単孔類にもほかの

※ IgE はダニなどの外部寄生虫よりも主として体内に住みつく内部寄生虫に対応するために働いており、体毛と IgE の関連性については慎重な検討が必要かもしれません。

哺乳類にもあるということからも、体毛を獲得したのは単孔類より前の段階にさかのぼると予測できます。

## 活発な呼吸を必要とする恒温性

　このように哺乳類が発達させた恒温性ですが、体温を保つには相当エネルギーを使うものであるため、同時に活発な代謝を必要とします。それには常に呼吸をする必要に迫られます。私たちは鼻と口が分かれていて、口で物を噛んでいるときに呼吸ができるわけですが、このように鼻と口が分かれていて、さらに咀嚼をするというのも哺乳類の特徴です。

　鼻と口との境は二次口蓋とよばれ、哺乳類の場合は、これが骨できちんと閉じています。これを骨性二次口蓋とよびます。これは哺乳類以外の多くの四足動物にはあまり見られない構造です。カエルでしたら、鼻の穴は口につながっています。

　この二次口蓋も獣弓類の段階で徐々に獲得されていきます。鼻と口とを物理的に分けているこの特徴のおかげで、私たちは食べ物を咀嚼しながら呼吸ができます。さらに口の中でものを長くとどめて咀嚼ができるようになったことで、咀嚼に適する複雑な形態をした臼歯も進化させました。

　このような骨性二次口蓋や臼歯形態の進化は、恒温性の進化と相前後して起こったことだと考えられますので、恒温性が進化した時期を示すものでもあると考えられます。恒温性の進化とともに発達した、洗練された採餌と消化のシステムは、哺乳類の特徴でもあり、ほかの分類群に対する大きなアドバンテッジでした。

## 3-6

# 哺乳類らしさの進化4　歯の形態

### 切り裂き、そしてすりつぶす

爬虫類と哺乳類の歯の大きなちがいは、爬虫類は一般に突起が1つの「単尖歯」とよばれる歯（とんがりコーンを想像してもらえればと思います）をもつのに対して、哺乳類は「咬頭」とよばれる突起が複数ある複雑な臼歯をもつことです。

　哺乳類が獲得した複雑な臼歯形態は「トリボスフェニック型臼歯」とよばれます。トリボスフェニックとは、すりつぶすという意味の

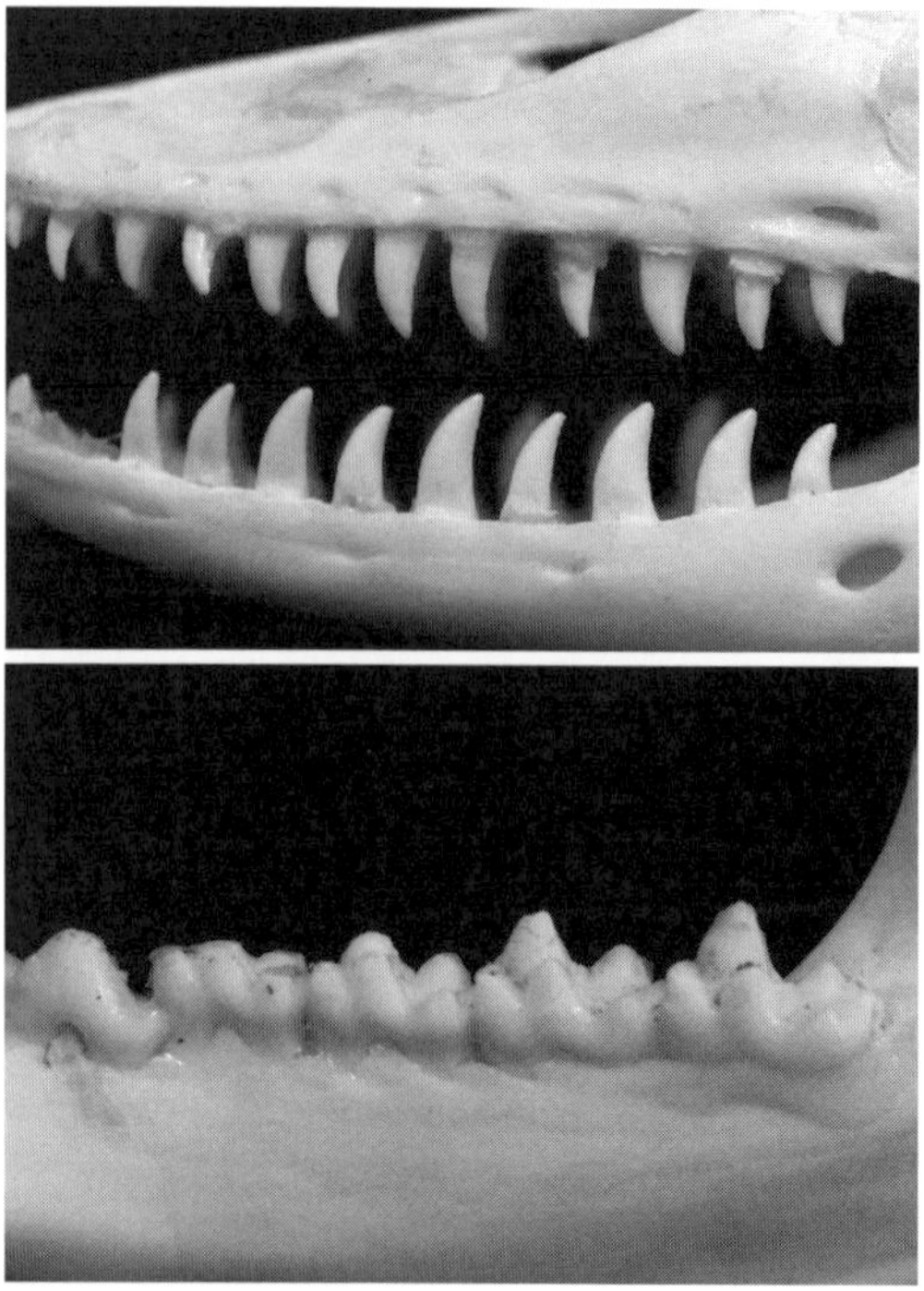

爬虫類ミズオオトカゲの単尖歯（上）と哺乳類オポッサムの臼歯（下）。
哺乳類の臼歯は、咬むための山（頭）があるトリボスフェニック型臼歯。

トリボと、切り裂くという意味のスフェンを合わせた言葉で、この臼歯の機能を示しています。初期の哺乳類は昆虫を食べるくらしをしていました。昆虫の体は外側に外骨格となる殻があり、内側に軟らかい構造があります。この殻をうまく切り裂き、中身をすりつぶすことができるように発展したのがトリボスフェニック型臼歯でした。

ちなみにこの「切り裂き」と「すりつぶし」の機能は、後に哺乳類がさまざまな食性に適応していくときの強力な武器となります。肉の繊維を切り裂く機能を必要とした肉食性の哺乳類は、祖先のもっていたすりつぶしと切り裂きの機能のうち、切り裂きの機能を強化した裂肉歯とよばれる臼歯を発達させました。一方、すりつぶしの機能を必要とした植物食性の哺乳類は、すりつぶしの機能を強化した臼歯を進化させました。その後の進化の基となる道具を、哺乳類はその初期の段階で手にしたのです。

## トリボスフェニック型臼歯の獲得

このような複雑な臼歯形態の獲得は、キノドン類から哺乳形類が生まれ、そして初期の哺乳類が分化していったくらいの期間で起こっています。3の1の項でお話ししたように、重要な哺乳類の特徴である異形歯性の形成がディメトロドンの時代から始まっていたことを考えると、その最終段階が哺乳類誕生の前後に起こったといえるでしょう。現代の哺乳類は、切歯、犬歯、小臼歯（前臼歯）、大臼歯（臼歯）の4種類の歯をもちます。犬歯らしき歯が初期の単弓類で生まれ、キノドン類から哺乳類にかけて小臼歯、大臼歯が分化していくのです。

ところが、この臼歯形態の進化の最終段階ともいえる、トリボスフェニック型臼歯の誕生は、単孔類の系統と有袋類・真獣類の系統で、それぞれ独立して起こった可能性が示唆されています。というのも「真三錘歯類」といった絶滅した哺乳類が、単孔類の系統が分かれた後に生まれたにも関わらず、より原始的な形状の歯をもっているためです。

真三錘歯類より古くに分かれた単孔類の祖先は（カモノハシやハリモグラは歯をもっていませんが）、複雑な哺乳類型の臼歯をもっていました。この単孔類につながる系統が、南のゴンドワナ大陸で進化した「オーストラロスフェニダ（南楔歯類）」です。この名前には南のトリボスフェニック型臼歯をもつなかま、という意味が含まれています。一方、北のローラシア大陸で進化した有袋類や真獣類につながる系統には「ボレオスフェニダ（北楔歯類）」という名前がつけられています。この名前には、北のトリボスフェニック型臼歯をもつなかま、という意味が含まれています。※

オーストラロスフェニダのなかまには、歯帯といわれる特徴的な構造が臼歯の基部についています。このような細かな特徴の差異も、これらの臼歯が独立に進化したことの傍証だと考えられています。

※ 2022 年に発表した論文で、私と原野智広博士は歯の単純化した哺乳類などを用いて比較形態学的な解析を行い、哺乳類型の複雑な臼歯形態の形成には歯の生える位置によって生じる発生学的な要因が影響している可能性を論じています。単孔類の祖先でも完全な頭骨化石がたくさん見つかっていればこういう解析が出来るのですが…（次章参照）。

# 3-7 哺乳類らしさの進化5　顎の骨と耳の骨

## 顎関節の改変

このように歯の形態が進化していく裏側で、脊椎動物の進化史上、特筆すべき劇的なできごとが起こりました。それが顎関節の改変です。

顎をもつ脊椎動物（顎口類）は、基本的に関節骨と方形骨とよばれる骨（あるいはそれに相当する軟骨）が関節し、そこが顎関節となっています。ところが、哺乳類だけが顎関節を改変し、歯骨と鱗状骨という骨が顎関節を構成しているのです。

このもともとの顎関節を一次顎関節、哺乳類の顎関節を二次顎関節ということがあります。この一次顎関節とそれを構成する骨は、哺乳類においてどこに行ってしまったかというと、鼓膜から内耳へと音を伝える骨である中耳の骨、耳小骨に変化しました。

哺乳類以外の陸上脊椎動物は、あぶみ骨によって鼓膜から内耳へと音を伝えます。一方、哺乳類はあぶみ骨と内耳とのあいだに、つち骨ときぬた骨という骨をもちます。この骨が哺乳類以外の有羊膜類が顎関節の骨としてもつ、関節骨、方形骨とそれぞれ相同な存在（同じもの）なのです。

哺乳類以外の有羊膜類では、下顎骨が歯骨、角骨、関節骨など、複数の骨で構成されます。哺乳類が誕生するときに、後方の骨である角骨、関節骨が耳の中にとりこまれていったのです。このような顎関節の改変は脊椎動物の中で唯一、哺乳類の進化の過程においてのみ起こった現象で、極めて興味深い現象です。なお、私たち哺乳類も、個体発生の過程で同様の顎関節の改変を再度体験します。カモノハシも有袋類も真獣類も、一度は関節骨・方形骨関節に相当する関節をつくり、その関節が耳の中にとりこまれていくという過程を経ます。このときの関節骨は、実際には「メッケル軟骨」とよばれる軟骨成分の末端です。

私たちヒトは胎児の頃にこれを経験します。一方で、未熟な状態で誕生する有袋類は、この顎関節も哺乳類型になる前の状態で生まれてきます。つまり、有袋類の新生児が母親の乳頭をくわえてミルクを飲み始めるとき、その顎関節は「爬虫類型」の顎関節で、成長とともに「哺乳類型」になっていくのです。

単孔類も卵から孵った時点ではメッケル軟骨が残っており、哺乳類型の顎関節は未完成です。メッケル軟骨は下顎を構成する軟骨で、歯骨の内側にあります。この後端が関節骨に相当します。カモノハシは生まれたばかりの時点では、まるで哺乳類以前の祖先を思わせる顎をもっているということになります。

なお、例外的に真獣類でもツパイのなかまは、メッケル軟骨を保持したまま生まれてくるようです。未熟な状態で生まれるのは、必ずしも有袋類や単孔類だけの特徴というわけではないのかもしれません。

## 鼓膜の起源

こうした顎関節の改変は、下顎の中の歯骨が拡大していくところから始まります。そして、歯骨の後端がこれまでの顎関節と並んだとき、一次顎関節と並んで新たに二次顎関節が形成され、一時的に二重の顎関節が形成されるのです。このような二重の顎関節は、哺乳形類や初期哺乳類の一部に見られます。その後、一次顎関節を形成していた関節骨と方形骨は中耳へととりこまれていきます。

顎関節の進化は、聴覚の進化とも密接に関係しています。私たちが音を聞く装置である中耳の構造は、音（空気の振動）を受けとった鼓膜が耳小骨を介してその振動を内耳へと伝えるしくみになっています。この耳小骨が、哺乳類では3つの骨、「あぶみ骨」「つち骨」「きぬた骨」で構成されます。哺乳類以外の陸上脊椎動物では、あぶみ骨のみで構成されます。

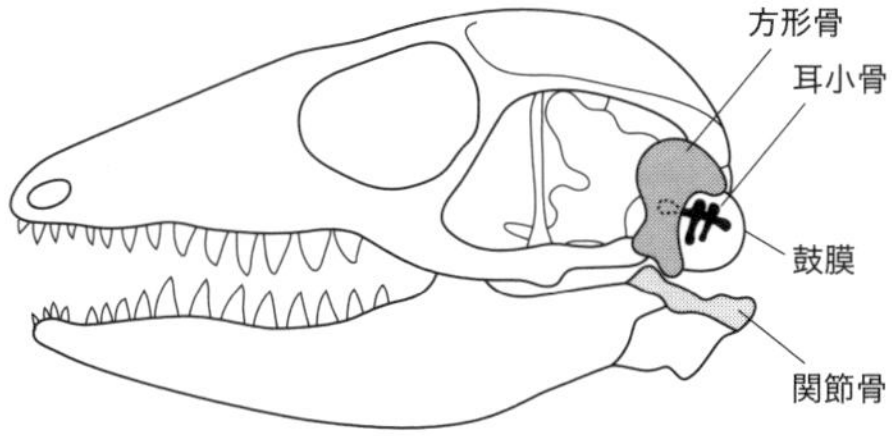

爬虫類の顎の骨。

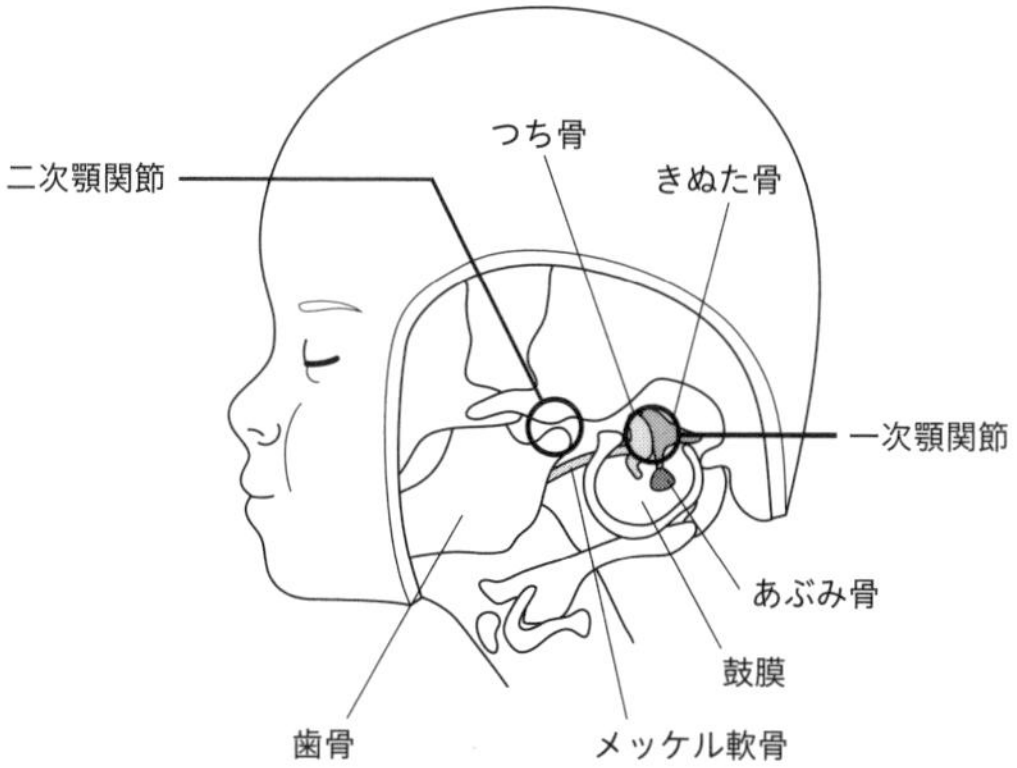

哺乳類（ヒト）の胎児の顎の骨。

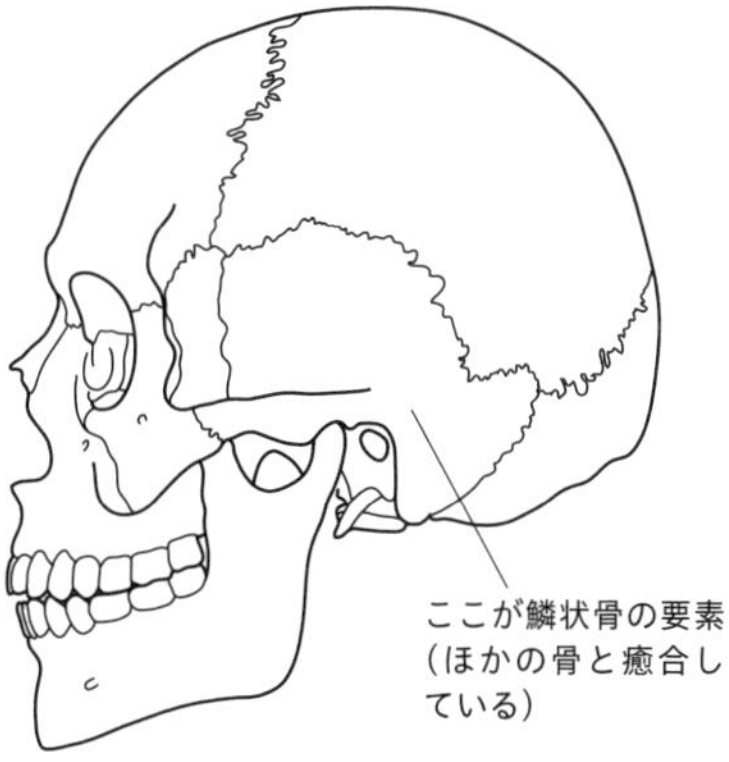

哺乳類（ヒト）成人の頭の骨。

どうして哺乳類では、ほかの陸上脊椎動物と異なり、鼓膜とあぶみ骨のあいだに2つの骨が入りこんでいるのでしょうか。じつは、同じ鼓膜を使って音を感じとってはいても、哺乳類と爬虫類や鳥類とでは、鼓膜の起源が異なるようなのです。この問題は19世紀から議論されていたのですが、近年、実験発生学の成果によって確かめられました。

　哺乳類の鼓膜をとり囲む「外鼓骨（鼓室輪）」という骨が、単弓類や爬虫類の下顎を構成する骨の一つである、角骨と同一のもの（相同）であることがわかったのです。哺乳類の鼓膜は下顎の要素から発生し、爬虫類や鳥類の鼓膜は、上顎の要素から発生します（方形骨と接します）。こうした鼓膜の起源のちがいを反映して、哺乳類の場合は、鼓膜とあぶみ骨のあいだに、一次顎関節の要素が入りこんでいるのです。

　哺乳類の祖先はどのような音の聞き方をしていたのでしょうか。ある段階の単弓類のなかまは、下顎を通して音を聞いていたことが

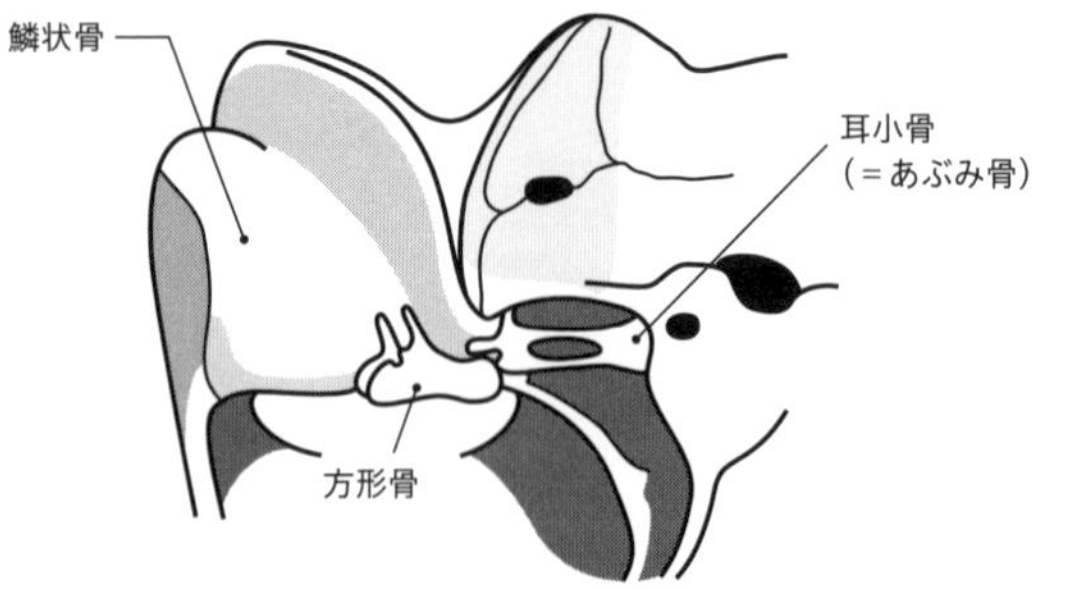


キノドン類の顎関節、耳小柱骨の外側に方形骨が隣接し、鱗状骨とともに二重の顎関節を構成している。

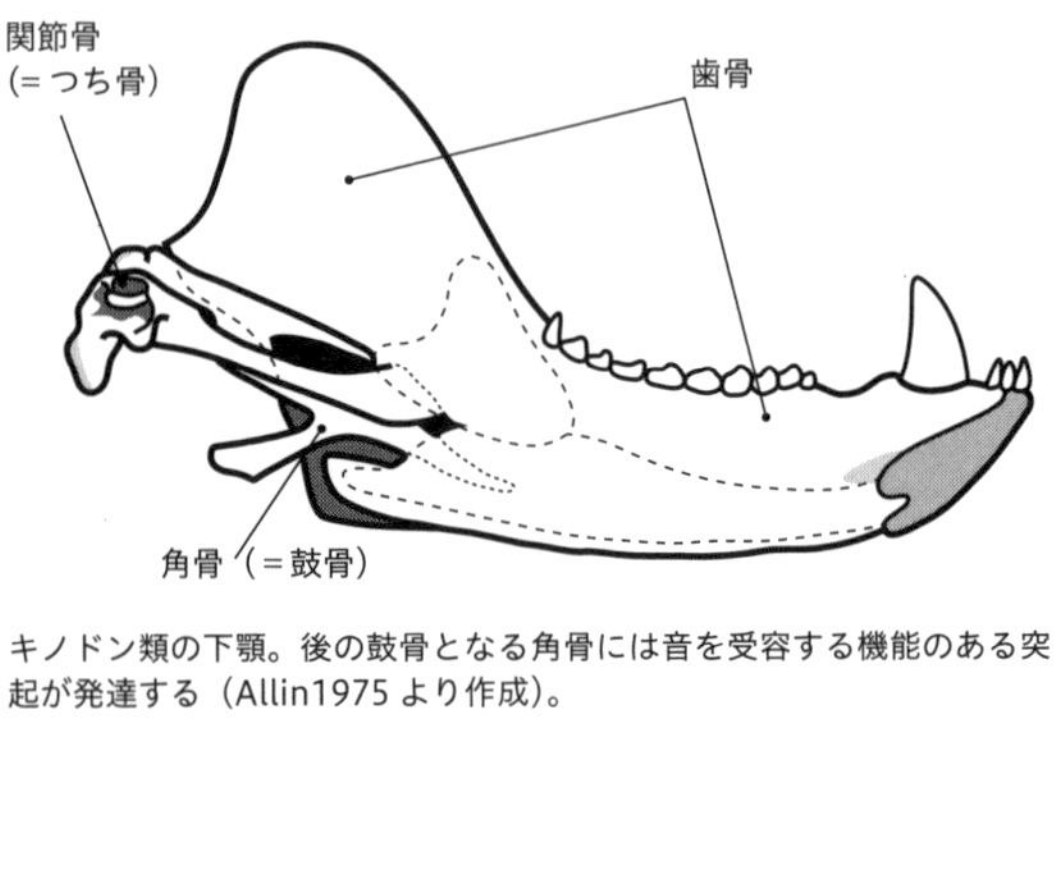


キノドン類の下顎。後の鼓骨となる角骨には音を受容する機能のある突起が発達する（Allin1975 より作成）。

あったようです。盤竜類などは地を這う姿勢でくらしており、そのため下顎を介して地面を伝わる音を聞くことができたと思われます。現代のトカゲやヘビなども地面を這う姿勢で、地面の振動を音として聞いているようです。

そういった機構がもともとあったのならば、進化の過程で下顎の構造が耳の構造に変化していったことも納得がいくように思えます。その後、キノドン類においては下顎の要素である角骨が平たくなり、反転板という構造をもった、音を受容する器官となります。さらに哺乳類の段階に至って、それらが音の受容と伝導に特化した装置に変化していったというストーリーが描けます。

音の受容に特化して進化した鼓膜や耳小骨は、より音の伝導に優れていたことでしょう。それらは、恐竜が栄える時代に夜行性のくらしをしていたであろう哺乳類の祖先が、闇夜で音を判別することに役立ったにちがいありません。

## 単孔類の中耳

このような哺乳類型顎関節と中耳の獲得は、哺乳類の祖先で一度だけ起こったのではなく、単孔類の系統と有袋類・真獣類の系統とで、それぞれ独立して起こったということがいわれています。

それは、単孔類と有袋類のあいだに位置する中生代哺乳類（真三錘歯類など）ではメッケル軟骨を介して中耳の構成要素が下顎に接続しており、より祖先的な特徴を残しているためです（メッケル軟骨の後方が関節骨などになります）。一部のなかまでは、メッケル軟骨が骨になって化石として残っています。さらには、カモノハシの祖先の系統である化石単孔類テイノロフォス（→95ページ）や、オーストラロスフェニダのなかまの下顎には、メッケル軟骨が付着していた溝らしきものがあります。こうした理由から、単孔類は、有袋類・真獣類とは独立した別の進化の道筋を辿って哺乳類型の顎関節と中耳を完成させたと考えられているのです。

それに加えて、絶滅したいくつかの系統では、またさらに独立に哺乳類型の顎関節と中耳が進化した事例があるようですし、あるいは祖先の状態へと戻ったように見える事例もあります。なぜこのような進化が独立に起こるのか、初期哺乳類の進化にはいまだ解き明かされない多くの謎が秘められています。

補足になりますが、哺乳類型顎関節の下顎と中耳の成分が結合している状態（二重の関節を形成する状態）にも2種類あります。シカゴ大学の羅（ルオ）教授らは、①キノドン型のように下顎に中耳骨（この状態では関節骨とよぶべきかと思われますが）が完全に付着した状態と、②メッケル軟骨で接続しながらも中耳骨の成分が下顎から水平方向に分かれている状態を区分けし、後者を不完全な哺乳類型の内耳と表現しました。

哺乳形類は①のキノドン型の下顎をもつのに対し、哺乳類に入ってからは②の不完全な哺乳類型の中耳をつくります（なおカモノハシの祖先であるテイノロフォスが①である可能性も提

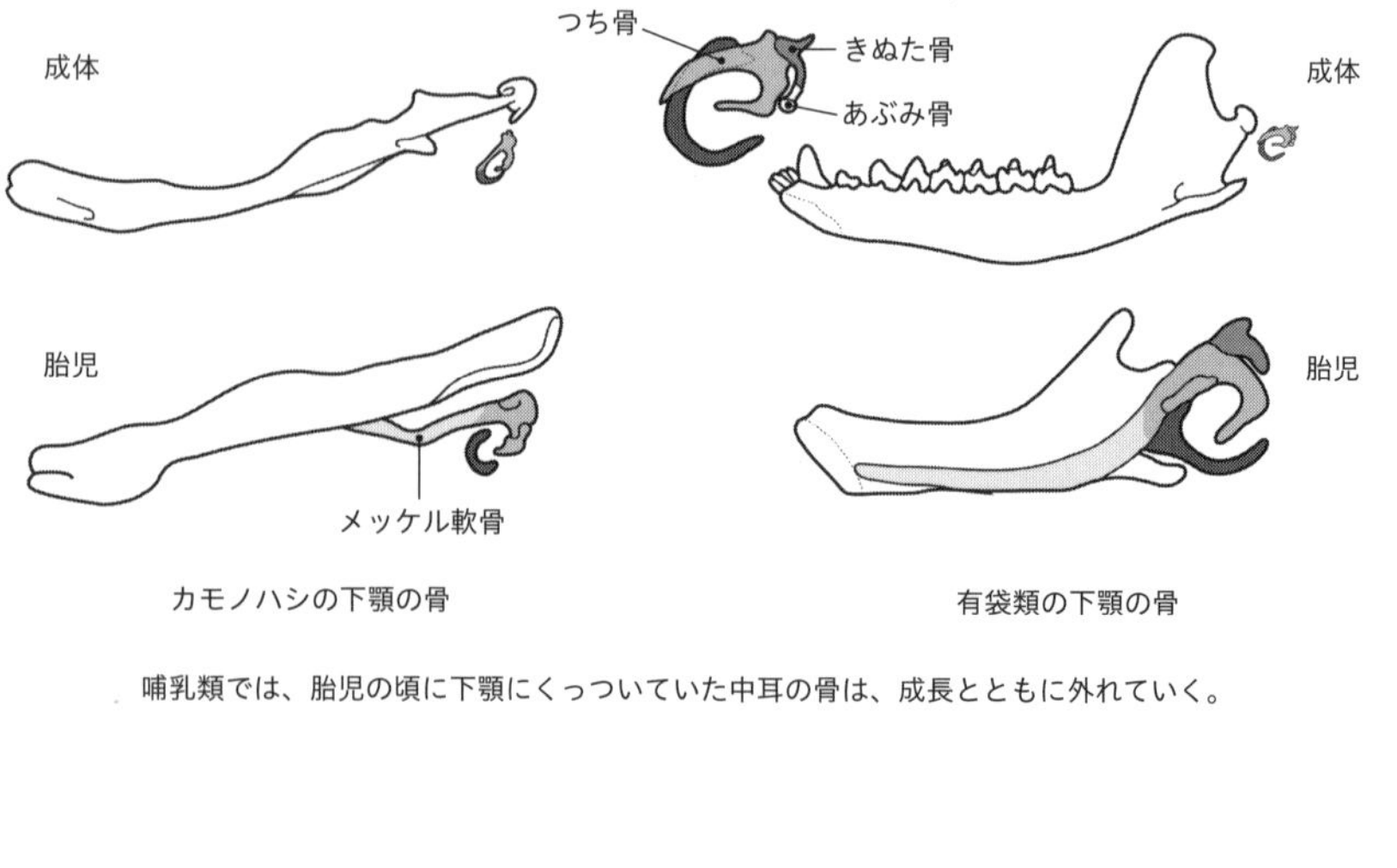


哺乳類では、胎児の頃に下顎にくっついていた中耳の骨は、成長とともに外れていく。

示されていることには注意する必要がありますが）。私たち真獣類が胎児の頃に見せる中耳の形態は②ですし、カモノハシや有袋類が生まれたときに見せる中耳の形態も②なのです。

メッケル軟骨によってつながった下顎と中耳骨との接続が切れるかどうかは、哺乳類型中耳形成における最後の段階であり、進化を考える上では、その重要性はあまり高くないようです。成長の様式が変化することで（成長の停止するポイントが変化するヘテロクロニーといった現象などによって）、変化し得る要素だったのかもしれません。哺乳類が哺乳類たり得る中耳の要素は、下顎から中耳骨が水平方向に外れたことで達成されたと見てもよいのではないでしょうか。そう考えると、カモノハシの祖先、テイノロフォスの下顎は大きな興味の対象となってきます。

このような下顎骨の構成成分は盤竜類の段階から哺乳類の段階まで、徐々に変化してきたものでもありました。下顎を構成する骨のうち、歯骨の割合は単弓類の進化の過程で徐々に拡大していきます。これには、おそらく噛む力（咬合力）の強化に伴い、筋肉の付着面や、下顎骨を構成する骨同士の

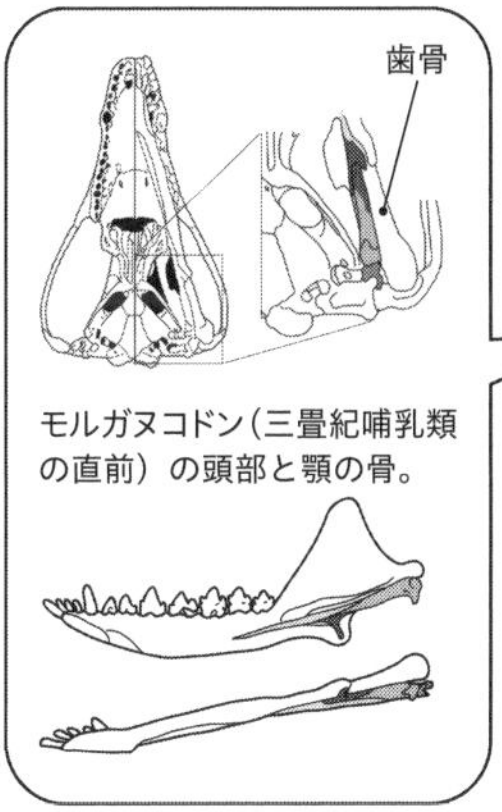


モルガヌコドン（三畳紀哺乳類の直前）の頭部と顎の骨。

哺乳類にとても近いなかまでは、拡大した歯骨が顎関節まで達した結果、一次関節と二次関節が左右に並ぶ。

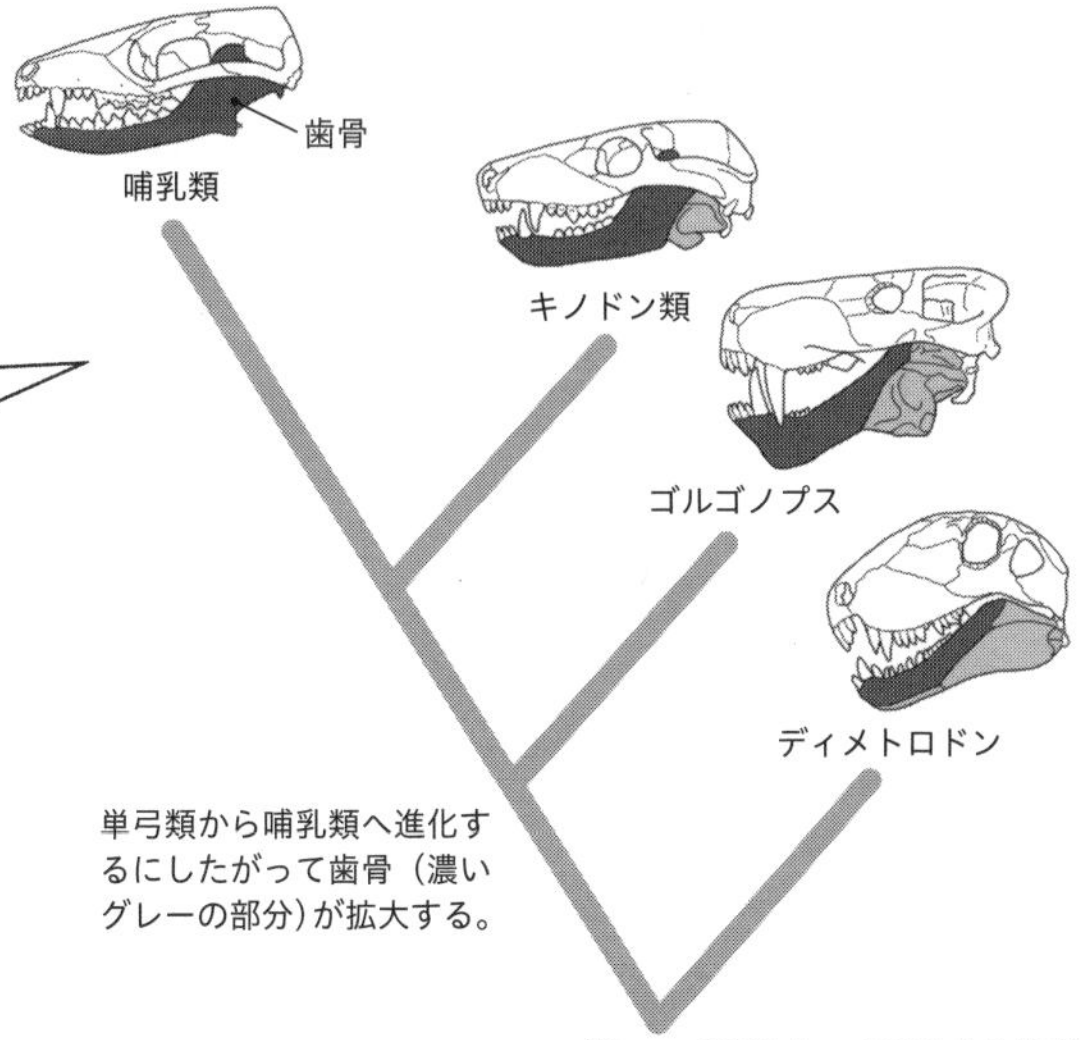


単弓類から哺乳類へ進化するにしたがって歯骨（濃いグレーの部分）が拡大する。

（Kemp 2005, Luo 2011 より作成）

結合面を増大させる作用など、さまざまな要因が働いているのだと考えられます。

しかし、1億年近い年月をかけて徐々に進行していったこの進化の背景には、進化が一方向に進みやすい状況があったのかもしれないと私は想像しています。※ ちなみに、このように進化が後戻りせずに一方向に進んでいくメカニズムを「ラチェット効果」といいます。ラチェットとは、工具のドライバーなどに使われるしくみで、一方向にだけ回転させ、逆方向に回転させないしくみです。進化が一方向に進む現象としては、進化の過程で動物の器官のパーツがだんだん減っていく現象などが例に挙げられます。一度その器官をつく

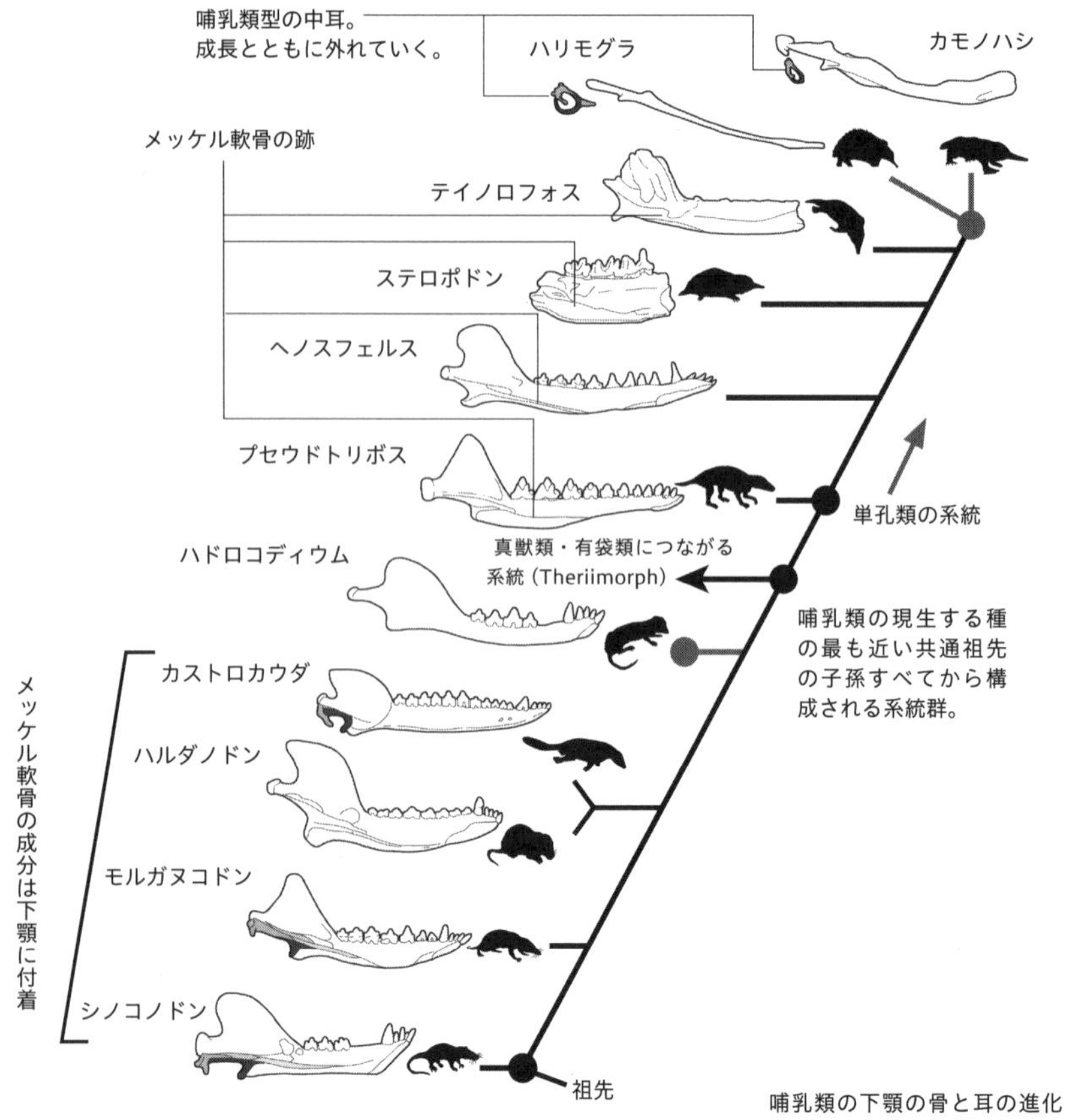


哺乳類の下顎の骨と耳の進化
（Luo 2011 より作成）。

らなくなると、それをつくるしくみが失われてしまうので、後の時代でなかなか復活しないのです。

脊椎動物の歴史で唯一起こった顎関節の改変は、盤竜類から哺乳類の誕生まで、長い時間をかけて起こった改変の集大成ともいえるものでした。

## 3-8 哺乳類らしさの進化6　脊椎動物における運動様式の進化

### 直立姿勢

私の研究室にはカモノハシの全身骨格模型があります。講義のときに使うほか、講演会に持っていくこともあります。あるとき、控え室でその骨格模型を見た方に「これはトカゲですか？」と聞かれました。その方は生物に詳しい方なのですが、遠巻きに後ろから見たカモノハシの骨格は、一見すると爬虫類のトカゲに見えたようなのです。

これには納得できる理由があります。爬虫類と両生類は地を這うものとしてまとめられることがあります。「爬虫両棲類学」（英語でハーペトロジー）という言葉がありますが、この言葉には「地を這う動物」

※2023年に発表した論文で私と原野智広博士は単弓類における歯骨の拡大傾向を統計的に解析しました。時間とともに歯骨が拡大する傾向は縦方向は有意でしたが、後ろに歯骨以外の骨を置き換えて拡大していく傾向は全体として有意ではなく、哺乳類型の下顎が形成されていく過程はやはり相応に複雑なもののようです。

という意味があるのです。

　哺乳類の祖先である単弓類も、盤竜類を中心に多くがそのような歩き方をしていたと考えられています。これらの生き物の特徴として、立っているとき上腕骨や大腿骨が水平方向（左右）に伸び、両手両足が体幹より外側に位置することが挙げられます。カモノハシもまた、そのような立ち方をしているのです。

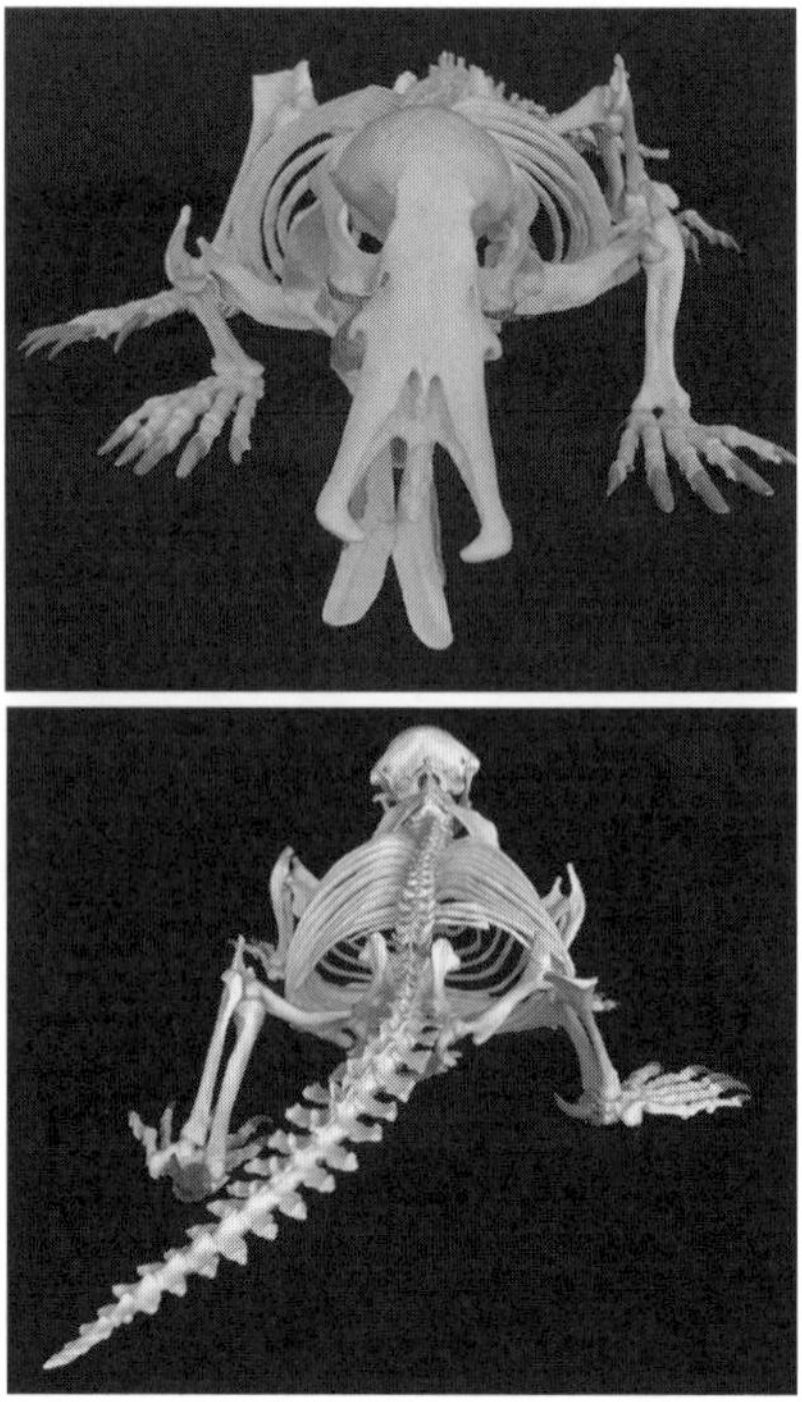

前後から見たカモノハシの骨格模型。上腕骨や大腿骨が水平方向に伸びる。

　これが一般的な真獣類では異なり、胴体の真下に四肢が伸びます。この直立姿勢が哺乳類の特徴です。直立姿勢は体重を支えるのに有利であるため、大型化することができます。そのためゾウなど、恐竜を除く史上最大クラスの陸上動物を生み出しています。ちなみに恐竜も直立姿勢を進化させたグループで、大型の種を生み出しました。

　なお、三畳紀に生息していた獣弓類の一群、ディキノドン類でもゾウに匹敵する大型の化石が見つかっており、その種は直立姿勢をとっていたようです。直立姿勢は必ずしも哺乳類だけがもつ特徴ではないのですが、哺乳類らしい特徴の一つです。

## 運動様式の変化

哺乳類はこの姿勢の変化とともに、運動様式も大きく変化させました。変化したのは体幹の運動方向です。これは、脊椎動物の進化史上、魚類以来続けてきた運動が変わるという、とても大きなものでした。

皆さんは魚の尾びれとイルカの尾びれの向きが、すぐに思い浮かびますか？　じつは、魚の尾びれは体に対して垂直方向で、イルカの尾びれは水平方向に伸びています。これは、魚が左右に体（体幹）を揺すって水をかくのに対し、イルカは上下に揺すって水をかくことと対応しています。魚とイルカでは運動の向きが90度異なるのです。

脊椎動物は、もともと魚のような体幹運動をしていました。これは陸上でくらすようになってからも同様で、両生類や爬虫類はおもに左右軸方向に体をくねらせながら、左右の脚を交互に出す体幹運動をするのが本来の姿です。カエルのなかまは特殊化してしまっていますが、

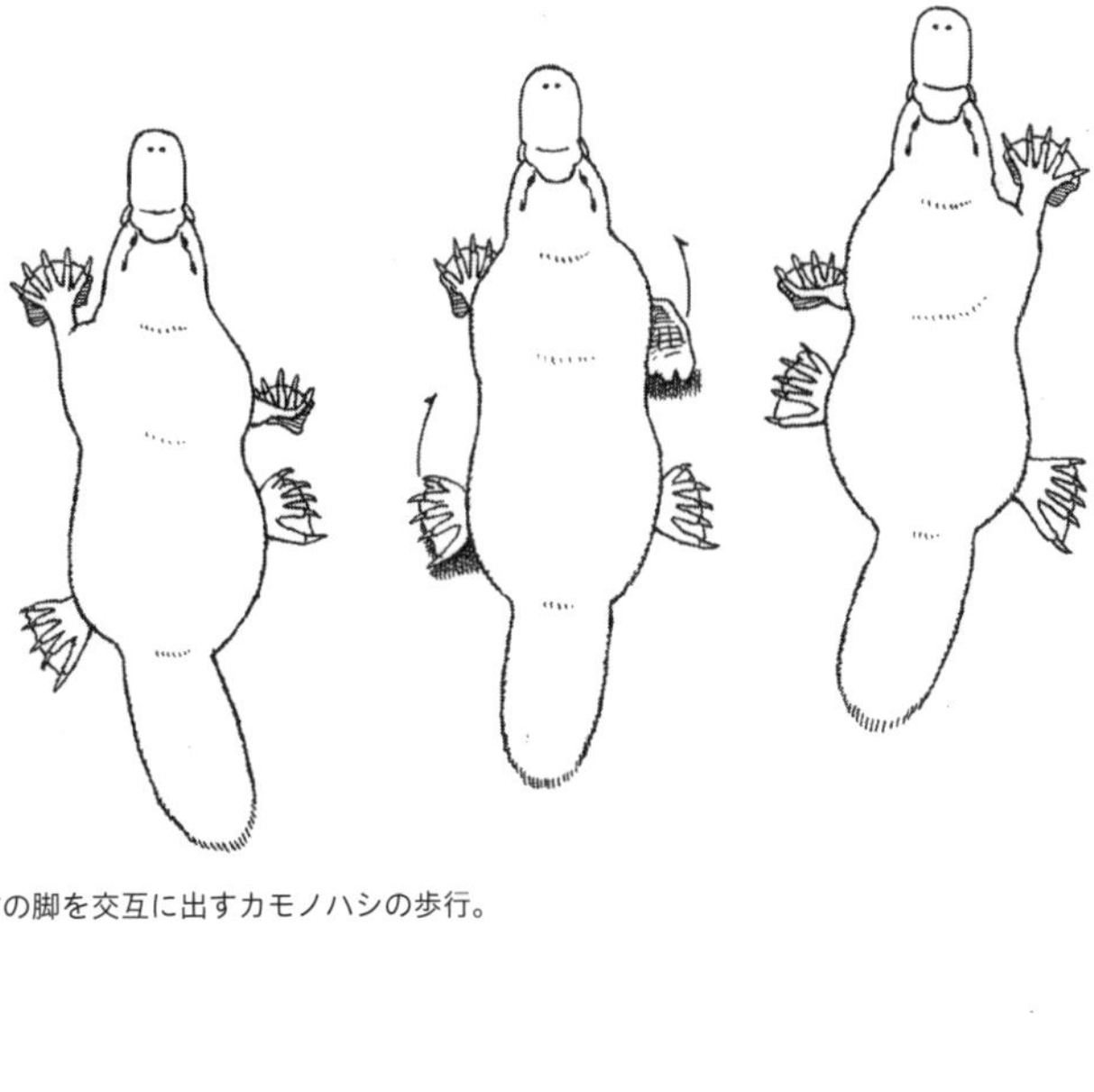

左右の脚を交互に出すカモノハシの歩行。

サンショウウオや、トカゲのなかまはそうですし、ヘビの運動もそうです。

カモノハシを含む単孔類や有袋類もおおむねこのような体幹運動をしています。カモノハシは左右に体をくねらせながら、右脚と左脚を交互に動かします。左右交互に脚を動かすのは、最大速度で移動しているときでも変わりません。

一方、真獣類のなかまでは、それよりも速いギャロップとよばれる走り方をします。ウマやチーターは、体幹を前後に揺する「背腹軸運動」（背中と腹側の方向軸に沿った動き）をすることで、両脚を同時に動かします。2本の前脚が同時に地面をつかんで体を前に進め、そして2本の後脚を同時に動かして地面を蹴ります。このように体幹運動の方向が変わったのは、真獣類の段階になってからといっていいでしょう。

ウマやチーターの走る姿は壮観ですが、地面にくっついたまま左右に体を揺すって動き回るカモノハシの運動は、まるで、もふもふした敷物が動き回っているようにも見えて、とてもかわいらしいのです。

地面に這いつくばった姿勢の場合と、直立した姿勢の場合では、理想的な運動が変わってきます。地面に這う生き物の場合、上腕骨や大腿骨が水平方向に伸び、体幹よりも左右に広がった場所で足は地面に接します。このとき、歩幅を広げようとするなら、体幹を左右軸に揺することが合理的なのです。

一方、直立している姿勢の場合、足は体の真下で地面に接していますから、左右軸に体幹を揺すってもあまり歩幅は伸びません。背腹軸方向に体幹を伸び

体幹を前後に揺するチーターの走り方。

縮みさせることで、まっすぐ下に伸びた四肢を有効活用し、歩幅を大きくすることができるのです。このように、姿勢と体幹の運動は密接に関連して、進化したのです。

## 新しい運動サポート機能

運動様式の変化は、そうそう起こるものではありません。魚類から有袋類のグループまでは左右軸運動ですし、背腹軸運動を獲得した真獣類のグループは、イルカのなかまの泳ぎを見るとわかるように、海に入ってもその運動を続けています。ウミヘビや、ウミイグアナのように、左右軸運動をする陸上脊椎動物が再び水中に戻った場合も、変わらず左右軸方向の運動を続けて水をかいています。魚竜のなかまもそうです。

一見すると、水中で活動するのに特化したクジラ・イルカや魚竜にとっては、四肢の姿勢から決まっていた体軸の運動方向を維持する必要はないように感じられます。しかし、生き物は進化の過程で、祖先がもっていた体のしくみを流用することで新たな特徴を獲得していく傾向があるのです。これはなぜかというと、そのほうが必要な変化が少なく、進化しやすいためです。「進化は、進化しやすい方向に起こる」のです。もう少し厳密にいえば、複雑な変化を必要とする方向に進化しかけた系統

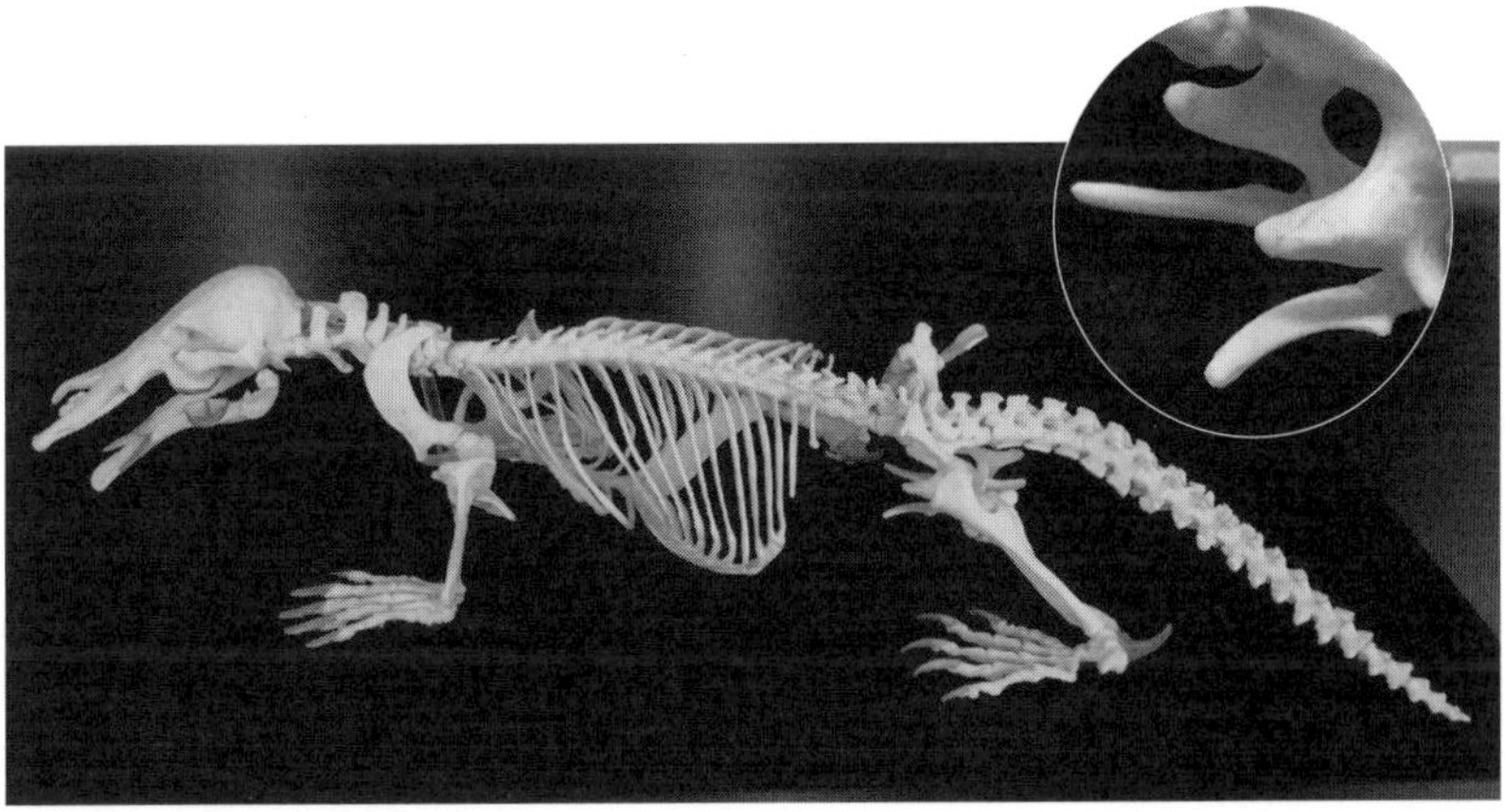

カモノハシの骨格と前恥骨（円内）。

は、おそらくその複雑さからその祖先に対して有利な体をつくり出すことができず、うまく生存できなかったのだと思われます。

この古典的な左右軸方向の体幹運動ですが、哺乳類になる直前のキノドン類で一段階、新しい洗練されたメカニズムが獲得されています。これには、キノドン類の一部から初期哺乳類、単孔類、有袋類まで保有されている「前恥骨」とよばれる骨が影響しています。

前恥骨は真獣類にはない骨で、骨盤の骨、恥骨の前に左右についています。以前は有袋類がこの骨をもっていることが注目され、その位置から、有袋類が子育てをするための袋を支える役割がある骨として、袋骨ともよばれていました。しかし、前恥骨が袋を支えるための骨だとすると、袋で子育てをするわけではないカモノハシや、キノドン類が前恥骨をもつことを説明できません。

有袋類や単孔類の前恥骨のサイズを比較した研究によると、前恥骨のサイズは育児嚢の有無よりも体重に比例していました。前恥骨は袋を支えること以上に、体の運動に重要な骨である可能性が出てきました。その研究を行ったグループは、有袋類のオポッサムの運動を解析することで、この前恥骨が体幹運動と後肢の運動をリンクさせ、効率的な運動を可能

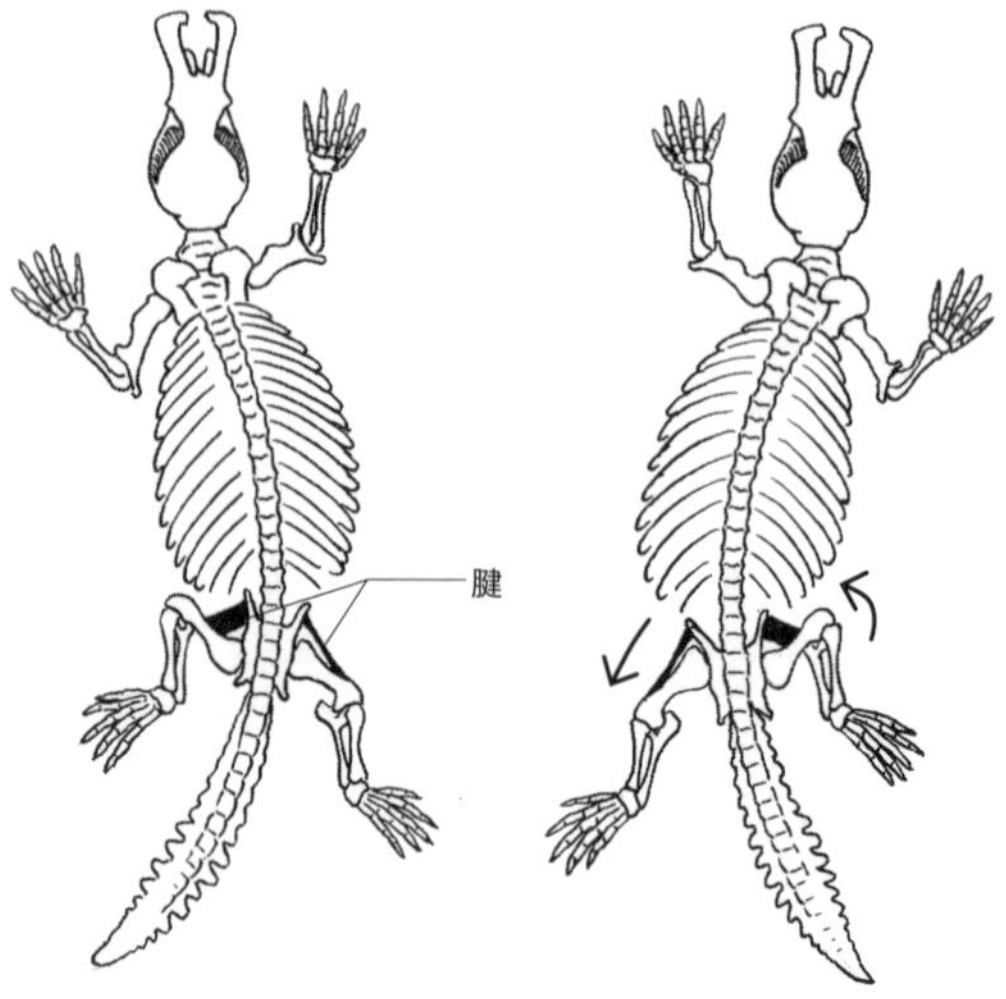


前恥骨と大腿骨は腱でつながっていて、体を曲げると脚を引っ張り、歩行の助けとなる。

にしていることを明らかにしました。

　オポッサムなど前恥骨のある生き物では、体幹を斜めに走る腹斜筋が前恥骨とつながり、さらに前恥骨が大腿骨と腱でつながっています。その結果、体幹が左右に曲がると、前恥骨が媒介となって、自動的に体が曲がった側の後肢が前に動くようになっているのです。つまり、この運動補助機能ともいえる「前恥骨システム」は、左右軸方向の体幹運動をするだけで、後ろ脚が勝手に動いてくれるという便利なシステムなのです。

## 運動進化の副産物、呼吸

　このような前恥骨を利用した運動様式は、カンガルーなど一部のグループでは失われていますが、キノドン類から有袋類まで多くのグループで保存されている運動様式のようです。

　この運動様式の進化は、哺乳類において効率的な呼吸も可能にしていました。私たちは「胸郭」と腰（腹部）を区切る横隔膜を使って呼吸をしていますが、横隔膜は哺乳類にしかない器官で、体幹を揺するたびに、「横隔膜」が押され、自動的に呼吸もできたようなのです。

「腰」といえる部分も、哺乳類にしかない存在です。私たち哺乳類の体幹の構造として、胸は背骨（椎骨）から生えた肋骨に囲まれている一方で、腰には肋骨がありません。ところが、爬虫類の椎骨には肋骨が生えない「腰」と呼べる部分がないのです。ちなみに、近年の研究によると、この胸と腰のあいだにある横隔膜は、祖先において肩甲骨についていた肩甲下筋という筋肉を由来としてできたものであることが明らかになっています。進化の過程で新しくできたものでも、多くの場合、祖先の体の中に起源を求めることができるという経験則は、横隔膜の場合でも当てはまるのです。

　また、哺乳類の呼吸器系の特徴として、肺の肺胞が細かく分かれることで肺の表面積を広げ、ガス交換の効率を上げていることが挙げられます。横隔膜の形成には、肺胞の分化と同一の遺伝子が関わっていることも明らかになっています。

　体幹運動と呼吸のリンクには問題もありました。なぜなら、動物が必要とする呼吸の回数は、動物の体の大きさに比例して変化し、大きくなればなるほど少なくなっていくのです。哺乳類など恒温動物は大型の動物ほど代謝の速度が低く、小型の動物と比べると、体重の割に必要とする酸素が少なくなります。体幹運動と呼吸がリンクしていると、体があるサイズを超えると、呼吸が過剰になってしまうのです。体幹運動と呼吸をリンクさせるやり方は、体重０・５〜３・０キロ程度の動物に限定して効率的なやり方のようです。

　このように祖先から受け継いだ左右軸方向の体幹運動ですが、哺乳類になる過程で前恥骨システムという一つの洗練された極致を迎えます。しかしながら、後肢の可動性に関しては制限が生じますし、呼吸においても最適なサイズが限られるなど、必ずしも完全なものではなかったのでしょう。真獣類においては直立姿勢の進化とともに、より高速で効率的な走り方であるギャロップができるような背腹軸方向の体幹運動を進化させました。

　キノドン類から始まった前恥骨システムは、一時のあだ花として衰退していく運命だったのでしょうか？　しかし、そのシステムを利用する哺乳類は現在も生息しています。カモノハシが今も立派に生き延びていることを考えると、それなりに優れた運動様式なのではないでしょうか。

# Chapter 4

# 化石単孔類の研究

# 4-1 さまざまな化石単孔類

## 単孔類の進化を追う

前章では、哺乳類の進化についてお話ししました。ここからは、これまで見つかっているカモノハシの祖先「化石単孔類」についてお話しします。単孔類は、現生種もカモノハシ、ハリモグラ、ミユビハリモグラ（ミユビハリモグラは3種が知られています）と数少ないですが、化石単孔類も発見されている数は多くありません。単孔類は細く長く生きてきた分類群でもあるのです。ここではそれらを紹介します。

太古の昔の化石哺乳類の研究では、歯の形態が重要になります。哺乳類の臼歯は複雑な形態をしており、そこから系統関係を推定することができるためです。オーストラロスフェニダの臼歯であれば、オーストラロスフェニダに特有の形態的特徴があります。一方で、歯には食性への適応によって進化しやすい特徴もあり、その特徴を見ることで、その生き物の生活をも推定できるのです。また、歯のエナメル質は私たちの体の中で最も頑丈な構造であり、化石として残りやすいという特徴があります。古い時代になればなるほど、歯だけ、あるいは歯と下顎（1つの骨でできているため壊れにくい）だけが知られている化石種がたくさんあるのはそのためです。

カモノハシもハリモグラも成体は歯（永久歯）をもちませんが、カモノハシの幼体は痕跡的な乳歯をもつので、単孔類の進化の研究ではカモノハシが注目されてきました。そしてもう一つ、重要なのがオブドゥロドンの存在です。2300～700万年前に生息していたオブドゥロドンは、カモノハシにそっくりの頭骨をもっていて、成体になっても歯が生えていました。このオブドゥロドンの歯との類似性を調べることで、太古の哺乳類化石に、単孔類に属するものがあることが明らかになっていったのです。まずはオブドゥロドンの生息していた新生代よりも古い時代、中生代（恐竜の時代）に生息していた単孔類たちからお話しします。

## 中生代の化石単孔類

中生代ジュラ紀に真獣類・有袋類につながる系統から分かれた、単孔類の祖先オーストラロスフェニダの化石が見つかっています。この系統は哺乳類らしい特徴を独自に進化させ、単孔類を生み出しました。

### テイノロフォス *Teinolophos trusleri*

最も古い時代から発見された化石単孔類は、およそ1億2000万年前、白亜紀のアプチアン期の地層から見つかったテイノロフォスです。テイノロフォスはオーストラリア・ビクトリア州から発見され、歯と下顎の化石に基づいて記載（新種として論文発表）されました。テイノロフォスとは「伸びた稜」という意味で、歯の稜が高く伸びていることからつけられました。*Trusleri*とは野生動物・古生物アーティストのピーター・トラスラー氏に献名（発見に関わりのある人や、お世話になった人などの名前を学名につけること）されたものだそうです。

最初に見つかった化石は下顎の後半部分だけで、系統的な位置がはっきりしませんでしたが、その後、臼歯を含むいくつかの化石が見つかりました。臼歯の形態から、オブドゥロドンの臼歯との類似が明らかになり、テイノロフォスが単孔類のなかまであることがわかったのです。

この下顎の化石を詳細に解析した研究により、下顎に通る管である下顎管という構造が太いことがわかりました。テイノロフォスの下顎には現代のカモノハシと同じように顎の先に太い神経「下顎神経（三叉神経の一つ）」が走っており、吻（口先）に重要な感覚器官をもっていた可能性が示されました。つまり、現代のカモノハシのようにテイノロフォスも電気を感じることができた可能性があり、単孔類の電気感覚（口先の皮膚感覚）が中生代から発達していただろうことが考えられるのです。また、メッケル軟骨（胎児の下顎に形成される棒状の軟骨）が成体になっても下顎に付着していたらしいということも、下顎の溝から推測されています。見つかっているのは下顎の化石だけですが、そこから推定すると体長は9センチくらいだったと考えられています。知られている中で最も小さな単孔類です。

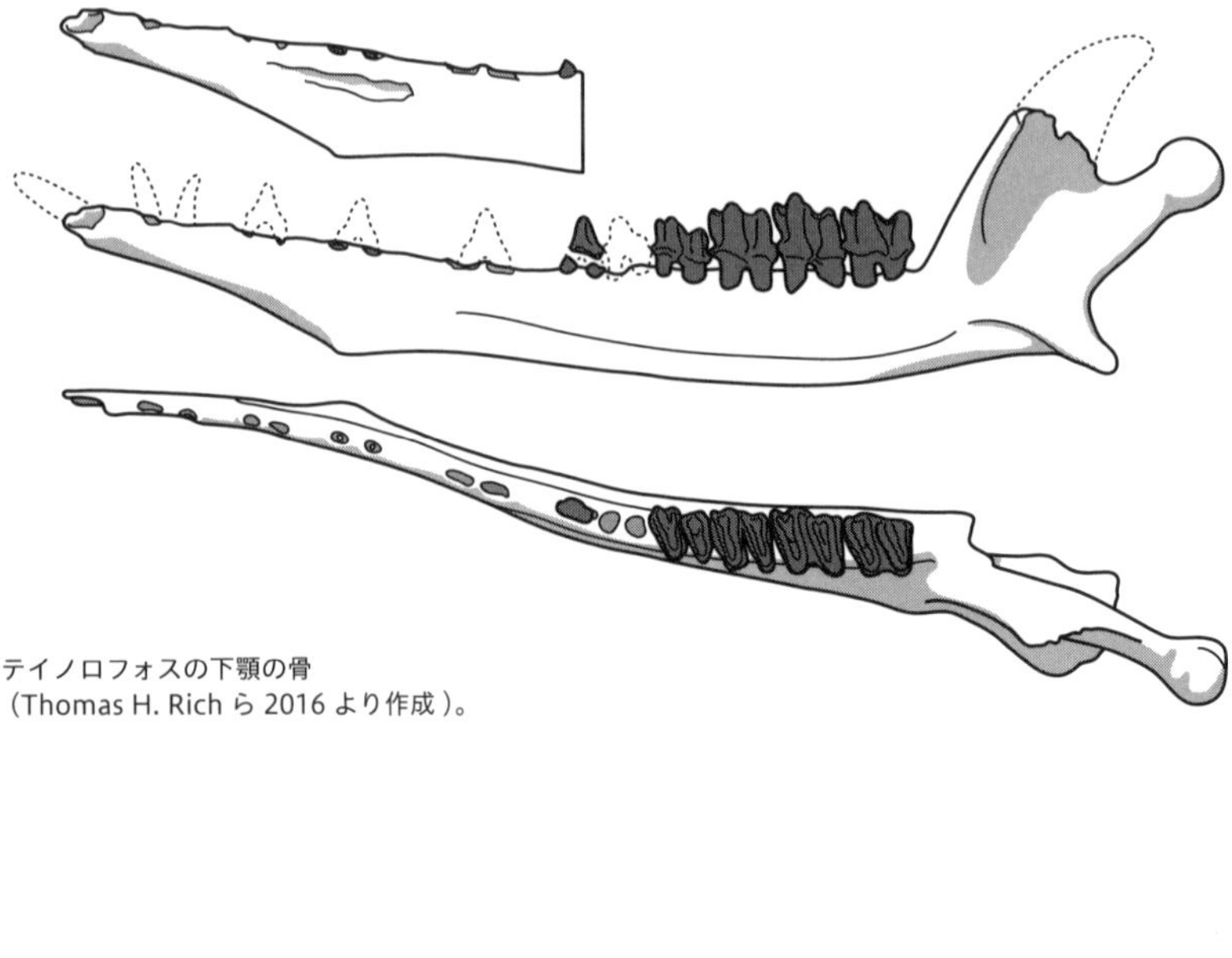

テイノロフォスの下顎の骨
（Thomas H. Rich ら 2016 より作成）。

さて、テイノロフォスは標本が複数発見されていることもあり、単孔類の中で哺乳類らしい特徴がどう進化してきたかを考える上で重要な種となっています。テイノロフォスは下顎に2本の切歯、1本の犬歯、4本の小臼歯と5本の大臼歯があったことがわかっています。現在のカモノハシやハリモグラは歯がありませんし、化石カモノハシのオブドゥロドンも小臼歯と大臼歯しかありませんが、太古の単孔類は多くの歯をもっていたのです。単孔類はその進化の過程で、徐々に歯を失ってきたことがわかります。

この化石を研究していたトーマス・リッチ（メルボルン博物館）、パトリシア・リッチ（モナシュ大学）ご夫妻が京都大学の総合博物館を訪れたとき、当時大学院生としてそこに在籍していた私は、幸運にもリッチ博士の個人レクチャーを受けることができました。リッチ博士はテイノロフォス標本の拡大模型を専用のスーツケースに入れて持ち歩いていました。夕暮れの博物館で、スーツケースからとり出した大きな下顎の模型をもとに、テイノロフォスの三叉神経や、メッケル軟骨について議論することができました。後で飲み会の席でうかがったところ、たまに私のような学生がいるので模型を持ち歩いている、とのことでした。とても準備がいい先生です。

### ステロポドン *Steropodon galmani*

ステロポドンは、テイノロフォスの次に古い時代の化石単孔類です。白亜紀のアルビアン期という、1億1000万年ほど前の時代の地層から見つかっています。化石は歯の生えた下顎の一部です。オパール鉱山から見つかったこの化石は、長い年月を経てオパール化しています。ステロポドンとは光る歯という意味で、宝石であることと、見つかったライトニングリッジという土地の名前とを掛け合わせた名前です。オパール商のデビット・ガルマン氏とアラン・ガルマン氏から博物館が購入したため、それを記念して*galmani* と名づけられました。

ステロポドンは１９８５年に初めて発見された中生代の単孔類でもあり、オーストラリアで発見された初の中生代の哺乳類でもありました。テイノロフォスとは形態的にも類似点が多く、同じステロポドン科に分類されています（先に見つかったステロポドンが科名に採用されています）。ステロポドンの下顎にもテイノロフォスと同様、太い下顎管が見られ、口先の感覚を発達させていたことを示します。また、やはりメッケル軟骨が付着していたと思われる溝が下顎に残されています。化石としては歯と下顎しか残っていませんので、残りの部分は想像するしかなく、さまざまな復元画が描かれています。オーストラリア博物館の研究者が描いた復元画では、カモノハシのような姿ですし、ＢＢＣの制作したウォーキング・ウィズ・ダイナソーの中では、もっと一般的な哺乳類の姿で復元されています（→１１９ページ）。

ステロポドンの発達した下顎管からは、電気感覚の存在が考えられます。また、ステロポドンの見つかった地層は、もともと河口付近の淡水環境で堆積した土砂からできた堆積岩です。電気感覚が水中でのくらしに役立つことを考えると、水の中でくらしていた可能性も高いと考えられます。ただし、その中で見つかる化石が１００パーセント水棲、あるいは半水棲の生き物かというと、死後流れてきた個体が交ざることもあり得るので、注意が必

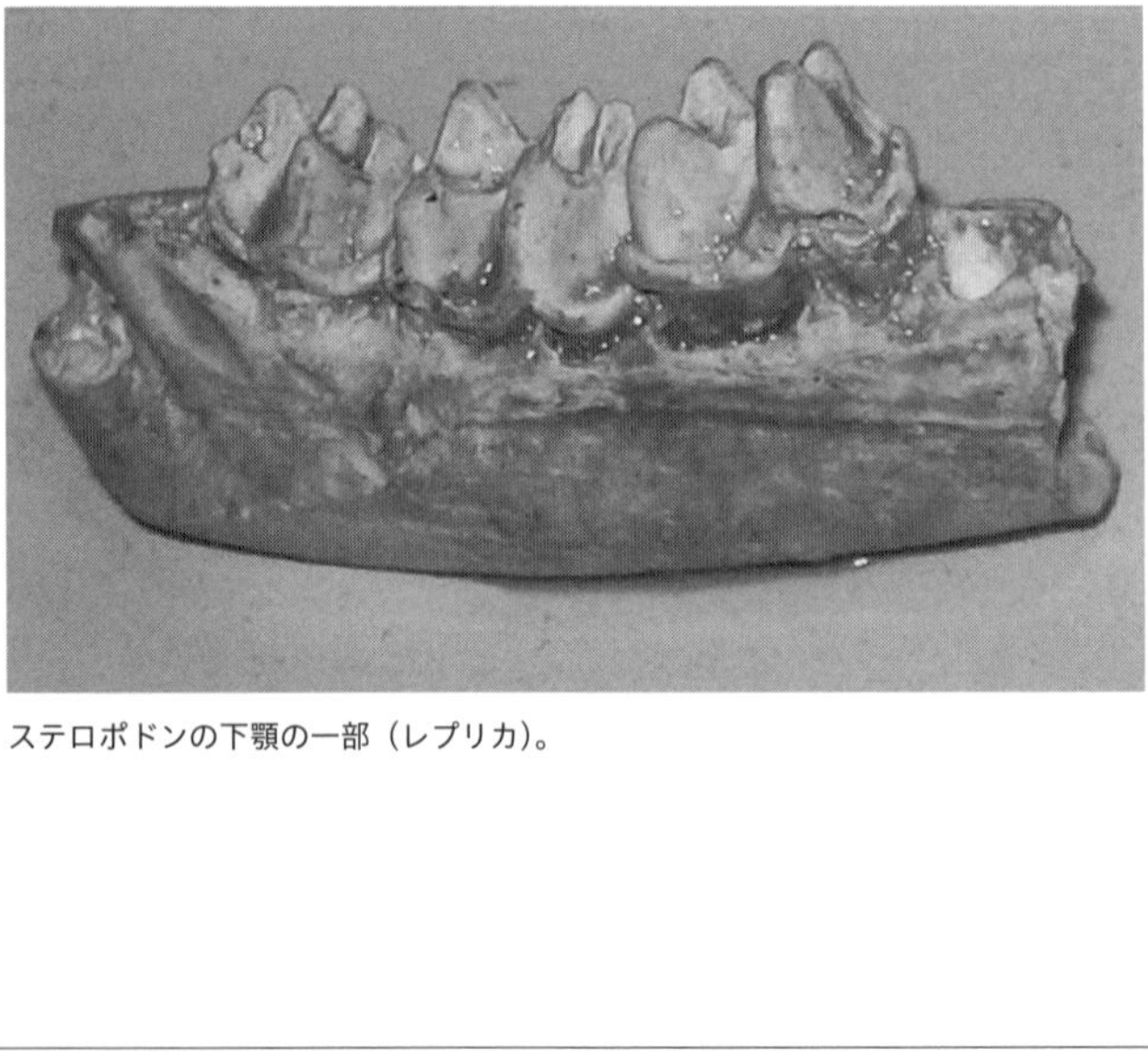

ステロポドンの下顎の一部（レプリカ）。

要です。

ブラックオパールの産地として知られるライトニングリッジでは、ステロポドン以外にも哺乳類化石が見つかっています。そのうちオパール鉱山でも経営してたくさんの化石を掘り当てたいものですが、なかなか道のりは険しそうです。

もしかすると、そこで重要な哺乳類化石が見つかることが明らかになる前に、単なるオパールとして輸出されてしまったものもあるかもしれません。皆さんの自宅に哺乳類の歯のような形をしたオパールがあれば、それはもしかするとカモノハシの祖先の化石かもしれません。そのようなものを見つけましたら、ぜひ私までお知らせ願えればと思います。もしそれが新種なら、皆さんの名前が太古の哺乳類の名前になるかもしれません（ご希望に応じて）。思い当たるオパールがありましたら、ぜひともチェックしていただければ幸いです。

### **コリコドン** *Kollikodon ritchiei*

コリコドンもライトニングリッジからオパール化した化石として発見されました。１９９５年に下顎と臼歯の化石が発見されたときには、臼歯の咬頭の配置から単孔類のなかまとされました。しかし、その後の研究で、下顎管が細いことや歯の形態などから、

斜め上から見た臼歯（レプリカ）。

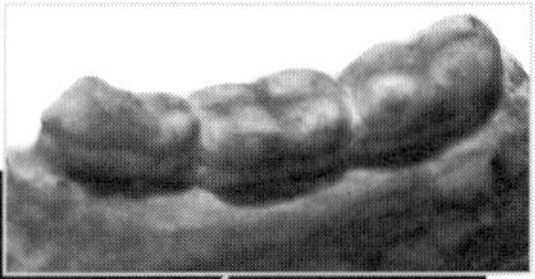

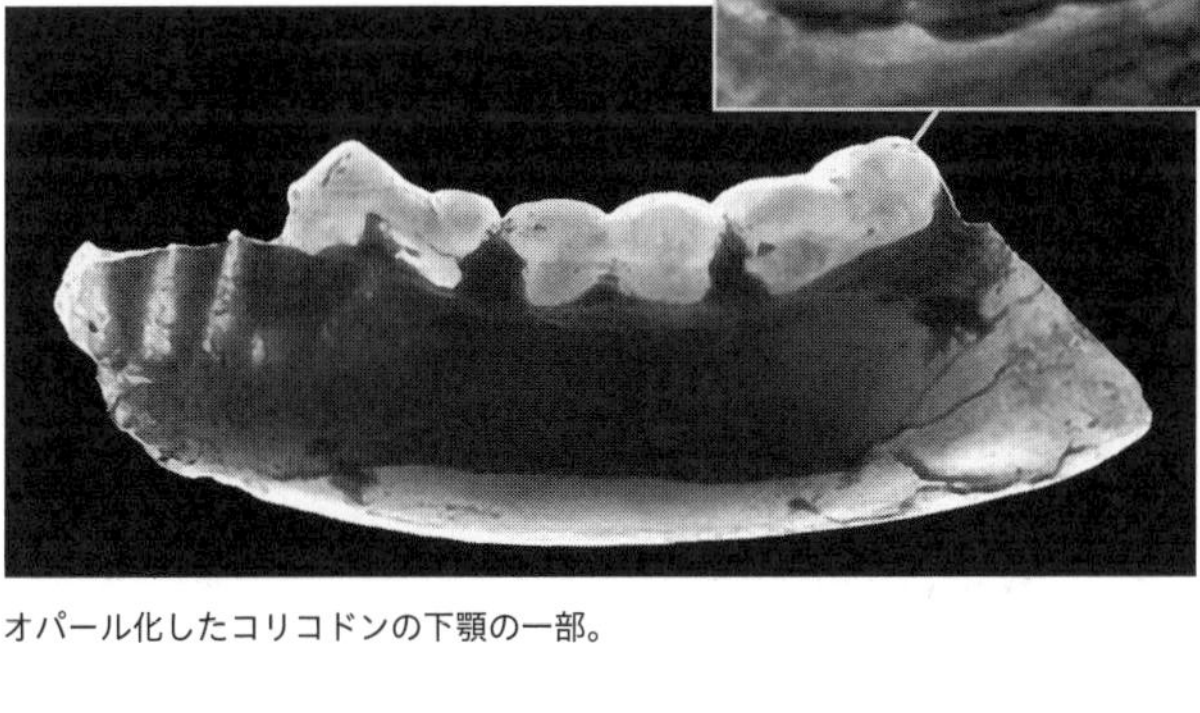

オパール化したコリコドンの下顎の一部。

単孔類に近縁ながら、単孔類の外側に位置する哺乳類であるという説も出ています。２０１６年には上顎の臼歯も報告されており、その研究では系統解析の結果、単孔類の姉妹群となるオーストラロスフェニダのなかまであろうということになっていますが、コリコドンは単孔類とみなす研究者もいて、今後の研究の進展が待たれます。コリコドンの臼歯はラッコの臼歯のような丸い形（このような構造を鈍頭歯といいます）をしており、貝や甲殻類など、比較的頑丈な獲物を食べていた哺乳類だと考えられています。

コリコドンも水辺で堆積した地層から発見されていますので、カモノハシのような半水棲のくらしをしていた可能性が高いようです。カモノハシの祖先は、かなり早い段階から半水棲のくらしに適応していた可能性があります。

コリコドンとはギリシャ語でパンの歯という意味なのですが、これはホットクロスバンとよばれるイースターの期間に食べるパンに歯の形が似ていたためにつけられました。英語のままホットクロスバノドンという名前にされかけたものの、響きがあまりよくなかったようで、ギリシャ語化されたようです。一方、種小名の*ritchiei*は、オパール発掘人から化石を博物館に紹介したアレックス・リッチー博士を記念してつけられたそうです。

### 化石のハリモグラ!?　クリオリクテス *Kryoryctes cadburyi*

中生代の化石単孔類は歯や下顎の骨しか見つかっていなかったのですが、近年、単孔類のものかもしれない上腕骨が発見されました。その化石がクリオリクテスです。オーストラリアのビクトリア州から発見されたこの化石は中生代アルビアン期、１億６００万年前のものと推定されています。その構造から穴を掘る運動をしていたと考えられ、学名もそれに由来しています。

上腕骨の形態から、クリオリクテスは現生の単孔類と共通の特徴（派生形質）をいくつかもっています。歯の形態と異なり、上腕骨では系統や分類をはっきりとさせることが難しいものの、単孔類のなかまであることが示唆されます。

いくつかの特徴はカモノハシよりハリモグラに似ています。ただしカモノハシやハリモグラとは別の系統と思われ、形態的な特徴からより原始的ななかまと考えられています。もしかすると、単孔類よりも古いなかまである可能性もあるようです。大きさは現代のカモノハシやハリモグラと同じくらいですし、中生代の化石哺乳類ではステロポドンやコリコドンと同じくらいです。ステロポドンやコリコドンの上腕骨が見つかれば、クリオリクテスの系統的位置などもはっきりしてくるかもしれません。※

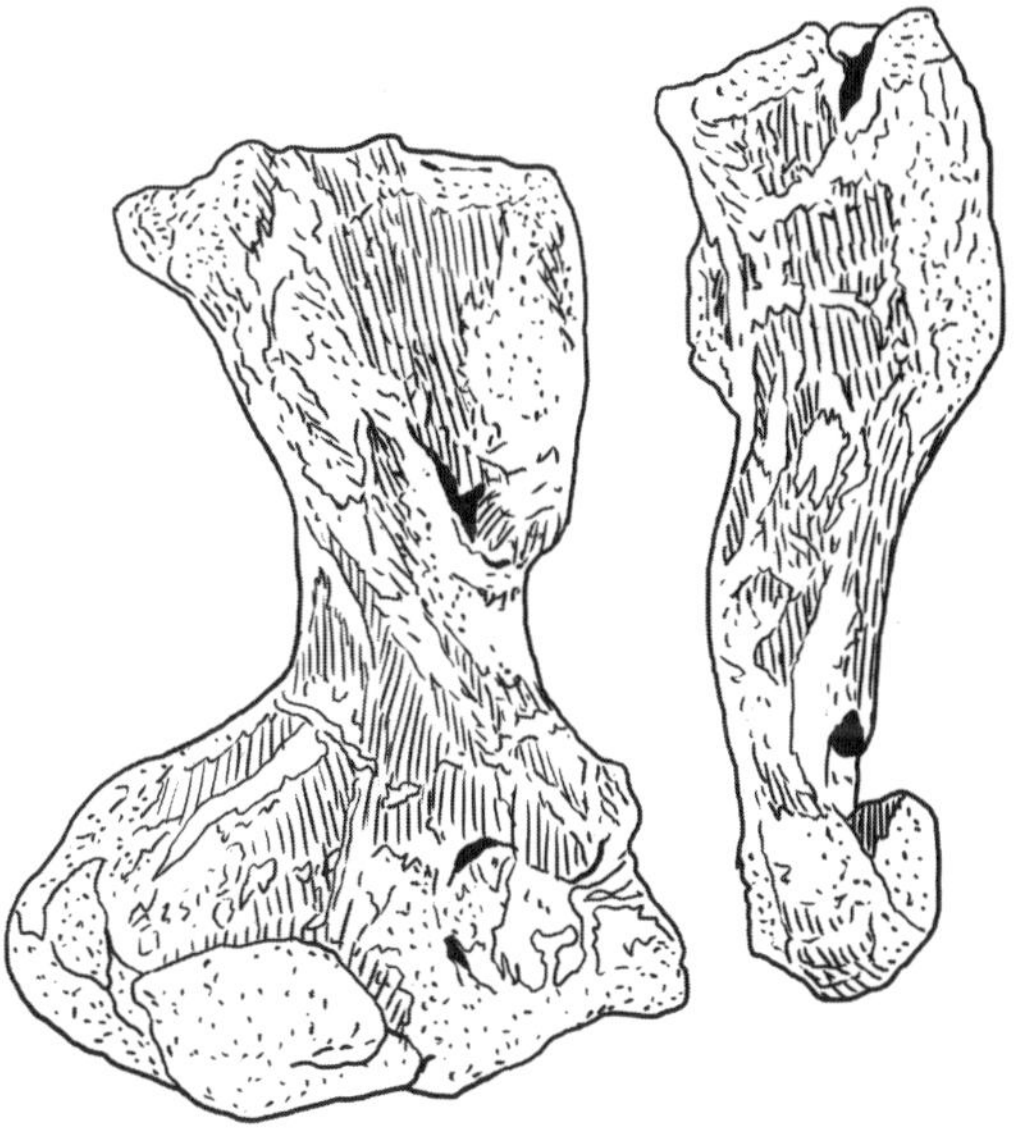

クリオリクテスの上腕骨（Peter A. Pridmore ら 2005 より作成）。

## 新生代の化石単孔類

6600万年前の大量絶滅で、恐竜のなかまは滅び去り、哺乳類の時代が始まります。とはいえ、単孔

※ 近年中生代の単孔類の発見が相次いでおり、2020 年以降に後述するパタゴリンクス（*Patagorhynchus*）が南米で報告されたほか、オーストラリアからスンドリウス（*Sundrius*）、スタートドン（*Stirtodon*）が報告されています。

類のなかまは相も変わらず細く長く生き延びてきたようで、その種類は多くありません。見つかっているおもなかまは、モノトレマトゥムとオブドゥロドンで、ついに見るからにカモノハシの姿をした祖先たちが出現します。

### モノトレマトゥム *Monotrematum sudamericanum*

モノトレマトゥムは、南アメリカ大陸から発見された化石単孔類です。学名は南米の単孔類という意味です。アルゼンチン・パタゴニアの6200万年前の地層から発見された歯の化石は、後述するオブドゥロドンの臼歯との比較で、単孔類であることがわかりました。系統的に現在のカモノハシにとても近いようで、同じカモノハシ科に属するのではないかといわれています。それどころか、オブドゥロドンとの形態的なちがいも少ないため、同じ属といっていいとする研究者もいます。※ほかの化石単孔類は、すべてオーストラリアから発見されていますが、モノトレマトゥムが発見されたことにより、過去の単孔類の分布域の広大さが明らかになりました。

恐竜が滅びた直後であるこの時代、ゴンドワナ大陸

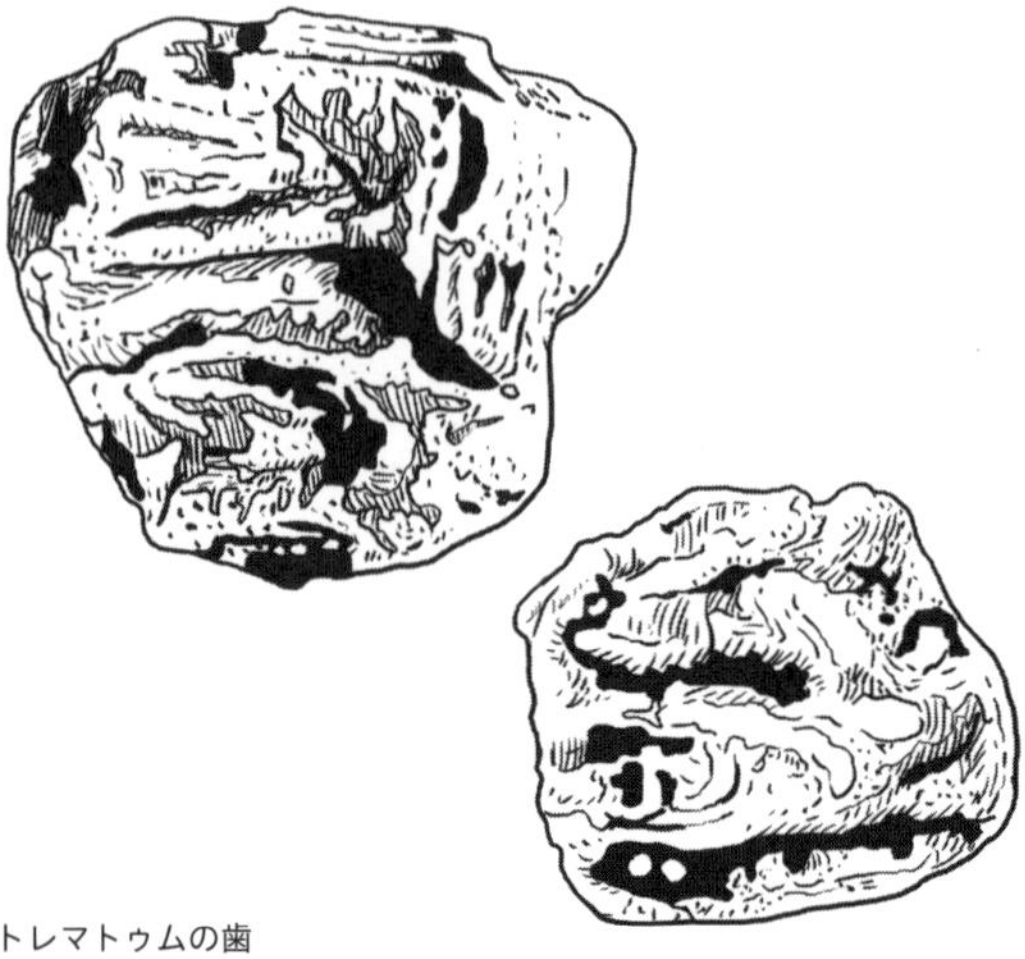

モノトレマトゥムの歯
(Rosendo Pascualら2002より作成)。

※ 後述するパタゴリンクスからモノトレマトゥム、オブドゥロドンにかけての6000万年間における臼歯形態の変化の停滞は、哺乳類において特筆すべきことのようです。

は分裂を始めていましたが、オーストラリア大陸は南極大陸を介して南米大陸とつながっていました。南米にモノトレマトゥムが生息していたということは、オーストラリアと南極、南米、これら3つの大陸すべてにカモノハシのなかまが生息していたということになるのです。化石の見つかった地層からはワニやカメの化石も見つかっており、また地層の特徴からも、モノトレマトゥムは水棲か半水棲のくらしをしていた可能性が高いようです。モノトレマトゥムの発見は、カモノハシに近い生き物が6200万年前の時点で、広い範囲で生息していたことを示唆するものでした※。

モノトレマトゥムも、確かなものは歯の化石だけです。最初に発見された歯の化石は、古生物学の学生が探索に疲れて地面に座ったその真下にあったそうです。小さな歯の発見ですが、そこからわかったことはカモノハシの歴史を大きくさかのぼらせ、また太古の時代の生息域を明らかにすることにつながりました。化石はいくつか見つかっており、筆者が何年か前にアルゼンチンの研究者から個人的に聞いた話では、未発表の化石もまだあるようです。

**オブドゥロドン** *Obdurodon insignis, O. dicksoni, O. tharalkooschild*

化石単孔類の中で最初に発見され、単孔類の進化を研究する上でも最重要な分類群がオブドゥロドンです。オブドゥロドンとは「永続する歯」という意味で、現生のカモノハシとちがって歯が抜け落ちず、大人になっても歯が生えていることからつけられた名前です。

1975年に最初に見つかったのは、2300万年前の地層から発見された*Obdurodon insignis*で、歯の化石でした。これが単孔類のなかまだとわかったのは、カモノハシに痕跡的に生える乳歯と比較し、その形態が似ていることを突き止めたからでした。*insignis*とは重要さを意味する言葉で、初めて見つかっ

※ 2023年にモノトレマトゥムと同じくアルゼンチンからパタゴリンクス（*Patagorhynchus pascuali*）が発見されました。先述のリッチ博士や国立科学博物館の真鍋博士、東大の對比地博士らの研究成果です。パタゴリンクスは約7000万年前、中生代の地層から見つかった化石単孔類で、この発見によってカモノハシに近い生きものが恐竜の時代からオーストラリア、南極、南米の3つの大陸に生息していたことが確定的になりました。

た化石単孔類の学問上の重要性を示しています。永久歯をもっていたオブドゥロドンは、歯の形態の比較対象として、それよりも古い時代の化石哺乳類が単孔類なのかどうかを明らかにするための重要な参照対象となったのです。なお、*O. insignis* については下顎骨の断片や骨盤の一部も発見されています。下顎骨は後端付近から最後の臼歯が生えていた部分までが残っており、筋肉の付着部などが現在のカモノハシにとてもよく似た形態をしていることが明らかになっています。

そして、このオブドゥロドンがまさしく「カモノハシ」であることが１９９２年に発見された化石で明らかになりました。それが *Obdurodon dicksoni* で、１０００万年前の地層から、ほぼ完全な頭骨が見つかりました。くちばしをもつその頭骨形態は現代のカモノハシにそっくりで、歯の形態からオブドゥロドンのなかまがカモノハシに近縁であるとする研究の正しさを立証するものでした。そのくちばしはむしろ現代のカモノハシ以上に大型化しており、「超カモノハシ」といえる存在です。

完全な頭骨が見つかっている化石単孔類は *O. dicksoni* のみですので、この頭骨についていろいろな研究がなされています。私自身もこの頭骨形態を現生のカモノハシと比較研究することで、単孔類の系統におけるくちばしの感覚器官の進化や、オブドゥロドンの採食生態について論文を書いています。

それ以前にも、脳の形を頭骨から調べることで、嗅球とよばれる嗅覚に関わる領域が現在のカモノハシと同じく小さいこと、三叉神経が通常の哺乳類よりもやはり発達していたことなどが明らかになっています。また、頭骨が全体的に頑丈で、筋肉の付着面が大きいことから、歯の存在と併せて現在のカモノハシよりも硬いものを噛めたのではないかといわれています。食性も、現在のカモノハシと少しちがったかもしれません。

最後に発見されたのが、２０１３年に発表された *Obdurodon tharalkooschild* です。*O. dicksoni*

と同じ化石産地の近い時代から発見された、オブドゥロドンの中で最も大きな種類です。なお、*O. dicksoni* も現生のカモノハシよりかなり大型であり、また顕著な性的二型（オスとメスとで大きさや形に差異がある）があることが示唆されていました。そのような状況下で、この新しいオブドゥロドンが*O. dicksoni* と別種とされたのは、臼歯に見られる突起「咬頭」の数が減少していた（後方舌側の咬頭が1つに減少していた）ためでした。ほかのオブドゥロドンのなかまと、モノトレマトゥムにはあったものが痕跡化していたのです。そのほかにも、歯の形状が異なる点が見られました（トリゴニッドとタロニッドのあいだが広い）。

なお、このオブドゥロドンが最大のオブドゥロドンとはいえ、下顎第一大臼歯の全長は

*Obdurodon tharalkooschild*　11・7ミリ
*Obdurodon dicksoni*　8・51〜8・71ミリ
*Obdurodon insignis*　7・2ミリ

と、大きさとしては*O. dicksoni* に比べ、そこまで大きいわけではありません（3分の1増しくらいです）。確かにカモノハシ類最大の生き物ではあるのですが、大きさよりも、歯の咬頭の減少がこの新種の最も重要な特徴といえます。※

このオブドゥロドンの記載論文では、カモノ

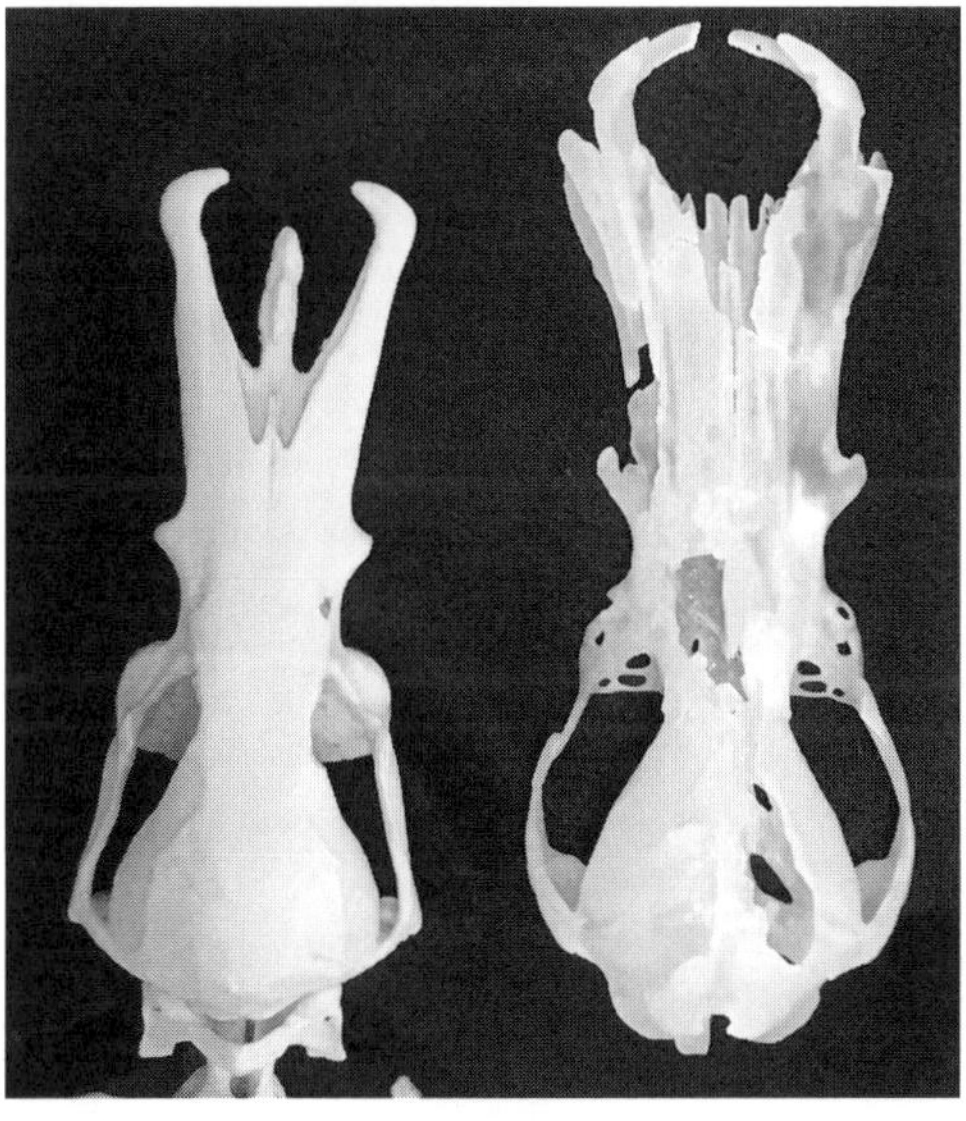

カモノハシの頭骨（レプリカ）（左）とオブドゥロドンの頭骨（レプリカ）（右）

※ カモノハシとオブドゥロドンで全身のプロポーションが変わらないのであれば、体長はカモノハシの２倍近く、１mくらいあった可能性があります。

ハシの乳歯（子どもの頃に存在し、抜け落ちる）がより複雑であること、今回の新種がほかのオブドゥロドンやモノトレマトゥムよりも臼歯形態が単純化（咬頭が減少）していることから、現生のカモノハシは、ほかのオブドゥロドン（*O. dicksoni* や *O. insignis*）の子孫で、*O. tharalkooschild* はそれとは別に進化した系統である可能性も議論されています。発見された地層が *O. dicksoni* よりも新しいことから、カモノハシの進化がモノトレマトゥム→オブドゥロドン→カモノハシ、といった単純なものではなく、より古い種類のオブドゥロドンから現生のカモノハシが進化し、別に今回発見された新種のオブドゥロドンが派生的に進化していた可能性もあると議論されています。いずれにせよ、この化石だけでははっきりしたことはわかりません。なお、オブドゥロドン（*O. dicksoni* を含め）の大型化は同時代の有袋類の大型化と時を同じくしており、気候変動の影響だろうといわれていましたが、*O. tharalkooschild* の発見も、それを裏づける証拠の一つであるようです。

このオブドゥロドンの種小名 *tharalkooschild* とは、オーストラリア先住民の創世神話にある、メスのカモ Tharalkoo の伝説から名づけたそうです。その昔、Tharalkoo とミズネズミ（オーストラリアの半水棲齧歯類）の Bigoon とのあいだに卵が産まれました。その卵からそれまでにない不思議な生き物が孵化したのですが、それが最初のカモノハシだった、というお話です。なお、同じ内容の話で主人公の名前が Gaygar となる文献もあります。ニュー・サウス・ウェールズ州北部、ダーリング川上流部に伝わるお話のようです。

これらのオブドゥロドンが発見されたことで、カモノハシそのままの姿をした生き物が、数千万年にわたってくらしていたことがわかりました。一方で、より古い時代の化石単孔類の研究は、多くを歯と下顎の形態に頼っています。歯の形態や、下顎管といった指標からわかることは、カモノハシのもつくちばしの感覚器と同じようなものを、恐竜の繁栄していた時代の単孔類ももっていたのではないかということです。しかし、限られた部位の化石からだけでわかることはとても少なく、今後の研究の継続と、新たな化石の発見が待ち望まれているところです。

## メガリブグィリア *Megalibgwilia ramsayi, M. robusta*

新生代も後半になると、ハリモグラのなかまも化石として見つかるようになります。それがメガリブグィリアです。メガは大きいという意味で、リブグィリアとはある地方のオーストラリア先住民の言葉でハリモグラを指します。大きそうな名前ですが、現代のミユビハリモグラとだいたい同じくらいの大きさです。*M. ramsayi* という種は後期更新世、5万年ほど前の時代に生息していたようです。一方で、*M. robusta* という種の標本は、19世紀に鮮新世（500～258万年前）のものかもしれないとして報告されています。標本によっては、もしかすると中新世（2300～500万年前）のものかもしれないという話もあります。それが本当なら、最も古いハリモグラのなかまということになるのですが、じつのところは発見されたのが昔のため、よくわからないようです。なんにせよ、ハリモグラのなかまはカモノハシのなかまとちがい、確実に古くまでさかのぼれる標本がないのです。※

※ 2022年にそれまでミユビハリモグラの仲間とされていた化石がマリーグロッサス（*Murrayglossus hacketti*）という新しい属に分類されました。この化石種は西オーストラリアの更新世の地層から発見されたもので、非常に大きく、これまで知られている単孔類で最大の大きさとなるようです。

# 4-2 いまだ明かされていない単孔類進化の謎

## 単孔類の祖先はカモノハシ型なのか、ハリモグラ型なのか

化石情報が十分でない単孔類は、とくに中生代に関しては、その生態もよくわからないところが多いのが実情です。カモノハシとハリモグラの共通の祖先はいったいどれくらいの時代に、どのような体をもち、どのような生活をしていたのでしょうか。この、謎に包まれたカモノハシとハリモグラの共通祖先の姿と、その分岐年代の問題は単孔類進化における大きな謎の一つです。

化石記録を見ると、テイノロフォス（→95ページ）やステロポドン（→97ページ）は太い下顎管をもっていたことから、「カモノハシ型の感覚器」の存在が示唆され、カモノハシ型により近い生き物であった可能性が考えられます。

このようにカモノハシ型の特徴をもった化石記録は昔までさかのぼれるのに対し、ハリモグラの場合、現生種にも、その近縁種の化石にも歯がないこともあり、化石の研究においてどちらかというと陰に隠れた存在でした。中生代のクリオリクテス（→１００ページ）はハリモグラ的要素をもってはいましたが、ハリモグラと直接関係しているわけではなさそうです。しかし、もしカモノハシとハリモグラが分かれた＝分岐したのがクリオリクテスのいた時代だったとすると、カモノハシとハリモグラの共通の祖先がハリ

モグラ型のくらしをしていた可能性もあり得ます。また、カモノハシもハリモグラも、かなり特殊化した哺乳類であることから、もっと原始的な段階で分岐して、それぞれ独自に進化したという意見もあります。生物の進化において、特殊化した生き物は別の生き物に進化しにくいのです。

　ではカモノハシとハリモグラはいったいいつ頃に分かれたのでしょうか。生き物それぞれの遺伝子の塩基配列のちがいから、それらの生き物が分かれた年代を推定する「分子時計」という研究手法があります。単位時間当たりの分子進化の速度（塩基配列の変化量）を推定し、進化のスピードを推定するのです。この方法を用いて２００９年に発表された研究では、カモノハシとハリモグラ分岐年代は４８００～１９００万年前と推定されています。これは新生代の初めに生息していたモノトレマトゥム（↓１０２ページ）よりも後の時代だということになります。

　この研究結果には異論もあります。ほかの哺乳類と隔絶されて進化してきた単孔類は、ほかの哺乳類のデータから推定した分子進化の速度が当てはまらないとする意見です。事実、単孔類は分子進化の速度も遅めであることを示唆する研究もあります。そうだとすると、カモノハシとハリモグラの分岐はもっと古い時代までさかのぼることになります。なお、この２００９年の研究では、形態的にもカモノハシとハリモグラはテイノロフォスやステロポドンよりも近い存在であると論じていることにも注意が必要です。

## 現生種の特徴からの推察

　分岐年代や化石記録に依存せずに、現在の単孔類を観察することで、カモノハシとハリモグラの共通祖先の姿を想像することもできるのではないでしょうか。私は、けづめの使い方や、エレクトロレセプターの数、個体発生などから、共通祖先はカモノハシ型である可能性が高いのではと考えています。

　まずけづめです。ハリモグラのけづめの用途は、メスをにおいで引き寄せるためにあると考えられています。しかし、けづめは本来相手を刺すためのもので、カモノハシ型の使い方が本来の姿であったろうと思います。

　エレクトロレセプターの数も、カモノハシではくちばしに４００００個あるのに対し、ハリモグラでは吻部に４００個程度が痕跡的にあるだけです。エレクトロレセプターの機能を考えても、電気を通しやすい水中でなんらかの情報を得るのに有利な器官であることはまちがいありません。そう考えると、カモノハシのように水中で活動し、エレクトロレセプターを活用していた祖先が単孔類の共通祖先であり、ハリモグラはそこから電気感覚を失っていった生き物だと考えるほうがつじつまが合います。

ハリモグラ。

　また２０１３年に、哺乳類の筋肉中で酸素を蓄える働きがあるミオグロビン量を比較した研究が発表されました。クジラなどの水棲哺乳類や、カモノハシを含む半水棲の哺乳類は、筋肉中のミオグロビン量が陸棲の哺乳類よりも多くなる傾向が見られ、またミオグロビン分子が高濃度になることを可能にする電気的な特性をもつ傾向にあるというものです。その一方で、ハリモグラ（やモグラ、ハイラックス、ゾウ）もミオグロビン量が多く、その電気的な特性も半水棲哺乳類に近い傾向があり、その原因としてハリモグラ（や上記の動物）のそう遠くない祖先が半水棲であった可能性が議論されているのです。

もう一つ、これはあまり確かな証拠ではないですが、生まれたばかりのハリモグラがカモノハシによく似ているということも一つの傍証になるのではと思います。どれほど似ているかというと、報道でハリモグラとカモノハシがとりちがえられてしまうくらい似ているのです。あるとき、ＮＨＫの報道番組の方から私に連絡があり、映像中の動物の赤ちゃんがハリモグラかカモノハシかを見分けて欲しい、と依頼されました。送られてきた映像を見ますと、一見くちばしのような平たい鼻先と、みずかきがあるかのような前足をもっていましたが、体を見ると、まだかわいらしい「ハリ」が体の後ろ半分にいくらか見てとれました。そこで、これはハリモグラですよ、とお返事をしたのです。そもそもその映像はフランスのテレビ局から提供されたもので、もともとのナレーション通り「オーストラリアの動物園でカモノハシの赤ちゃんが生まれました」という内容で放送したところ、それを国際放送で見たオーストラリア在住の方が「この動物園で生まれたのはハリモグラだ」と連絡をくれたようなのです。このように、生まれたばかりのハリモグラはどことなくカモノハシに似ているのです。こういったことを考えると、ハリモグラの祖先がカモノハシのような生き物であっても不思議ではなさそうに思いませんか？

## 共通祖先の姿を探るには？

このように、単孔類の祖先がカモノハシ型であった可能性は高そうなのですが、現時点ではそれをうまく証明するのはなかなか難しそうです。もしかすると、遺伝子を見ることでなにかがわかるかもしれません。２０２０年５月の時点で、カモノハシのゲノム（全遺伝情報）は解読されているのに対して、ハリモグラのゲノムはまだ解読されていません。

たとえば、水棲生活によって機能を変化させやすい遺伝子セットを見ることで、祖先が水棲生活をしていたことを明らかにできるかもしれません。カモノハシは嗅覚が弱く、ハリモグラは嗅覚が強いのですが、嗅覚遺伝子を見ることで、祖先がどちら側だったかがわかるのではないでしょうか。もしハリモグラが、その祖先において嗅覚遺伝子の数を減らしており、近年になって急激にその数を増やしていたとしたら、ハリモグラの祖先は半水棲生活をしていたカモノハシ型である可能性が高いと考えられます。私自身はタッチしていないのですが、ハリモグラのゲノムを解読しようとしている研究グループもあるようなので、その結果が公開されるのを楽しみにしているところです※。

## 4-3 カモノハシ生存の秘訣

### 生き延びた理由は？

私は大学でカモノハシを題材として、生物学の歴史と、哺乳類の進化を講義しています。この講義では、最後にカモノハシ生存の秘訣から私たちが学べることはなんだろうか、ということを、受講生皆に考えて

※ 2021 年には、国際共同研究チームによってカモノハシに加えハリモグラゲノムを解読した論文が発表されました。北大の早川卓志博士や東工大の二階堂雅人博士など日本の研究者もチームに加わっています。その結果、カモノハシとハリモグラの間にみられる嗅覚や味覚受容体の違いなど、多くの興味深い事実が明らかになり、単孔類の感覚に関する研究がその後進展しました。

もらっています。

これまでお話ししたように、カモノハシのなかまはとても長い年月を、その体やくらしぶりをあまり変えることなく生き延びてきました。同じような姿をしていたオブドゥロドンの時代から数えれば２３００万年、モノトレマトゥムの時代から数えたら６２００万年に達します。さらには、ステロポドンやテイノロフォスもカモノハシのような半水棲のくらしをしていたかもしれないのです。どうしてそのようなことが可能だったのでしょうか？　私は２つの理由があると考えています。

### 第1の理由

カモノハシ生き残りの秘訣として「カモノハシは有袋類が進出できない水中に逃げこむことで生きながらえた」という話があります。この説では、袋の中で子どもを育てる有袋類は、水中に入ると袋に水が入るので袋の中にいる子どもがおぼれてしまう、そのために水中に進出できないというのです。そして、有袋類がオーストラリアに進出してきたときに、単孔類の祖先は、有袋類が進出できない水中に活路を見出し、生き延びることができた、というものです。

しかし、この話にはいくつかの事実誤認があります。そもそも、有袋類が水中に進出できないというのはまちがいです。南米には半水棲の有袋類ミズオポッサムがいます。ミズオポッサムは袋の入り口を筋肉で閉じることができ、そのため袋の中に水が入らないようにしたまま水中を泳ぐことができるのです。有袋類も水中に進出する例があるということです。

さらに、単孔類が有袋類から追われるようにして水中に入ったとするのも、年代的にまちがっています。有袋類がオーストラリアに入ってきたのは７０００万年前以降です。カモノハシに近いモノトレマトゥムが生息していたのは６２００万年前ですが、それ以前、１億年以上前に生息していたステロポドンやテイノロフォスも半水棲のくらしをしていた可能性が高いのです。

　こういったことを考えると、カモノハシの祖先が有袋類に追われて水中に進出したのではなく、カモノハシの祖先が有袋類以前から水中というニッチを占有していたために、有袋類が水中に進出できなかったとするのが妥当ではないでしょうか。南米にミズオポッサムが生息している一方で、オーストラリアの有袋類でそれに相当する種がいないことも、カモノハシのなかまが水中というニッチを占有していることと無関係ではないと思われます。

　このように、カモノハシが長きにわたって生き延びた第１の理由は、はるか昔から水中というニッチを占有していたことだと考えられます。生物はある生活スタイルを獲得すれば、その後も適応進化によってその

シドニー水族館の水槽内を泳ぐカモノハシ。

生活スタイルに適した体を進化させ続けます。ですから、ニッチというものは先に占有したほうが有利になりやすいのです。中生代から水棲生活に適応した単孔類は、電気感覚といった、ほかの哺乳類がもち得なかった感覚器すら獲得し、水中というニッチを強力に占有したのです。

## 第2の理由

カモノハシが生き延びた第2の理由は、カモノハシの祖先の生息域の広大さです。南米からモノトレマトゥムの化石が見つかったことで、恐竜が絶滅する前後の時代、単孔類のなかまがオーストラリア大陸だけでなく、当時断続的に陸地が接続していた南極大陸と南米大陸にも生息していたことが明らかになりました。

これら3大陸は、ゴンドワナ大陸の南半分を構成する広大な領域でした。しかし現在では、カモノハシが生き残っているのはオーストラリア大陸の東海岸だけです。南米にカモノハシのなかまがすめなくなった理由は、乾燥化だと考えられています。モノトレマトゥムの時代、その生息域では湿潤な生息環境が保たれていましたが、その後、大陸移動とともに、乾燥した気候にさらされる緯度になっていきました。半水棲生活をしていたであろうモノトレマトゥムたちが生息するには適さない土地となっていってしまったようなのです。また、南極も徐々に寒冷化していき、単孔類のなかまがすめる場所ではなくなってしまいました。唯一オーストラリアの東海岸だけが、温暖で湿潤な気候を維持し、カモノハシたちの楽園となったのです。オーストラリアが、カモノハシが生息するのに適した土地であり続けたのはたまたまですが、そのたまたまを引き当てるためには、もともと広い地域に生息していたことが大きな力となったのです。

このように、

1．特定のニッチを強力に占有
2．初期の段階で広い分布域をもっていたこと

が現在まであまり姿を変えずに生き残れた要因ではないかと思われます。このことは、きっと私たちにいろいろな示唆を与えてくれるはずです。生存の秘訣とは、なにかに特化した能力を獲得する一方で、ヘッジも効かせておく、といったところでしょうか。皆さんもぜひいろいろと考えてみてもらえればと思います。何千万年も生きながらえてきたカモノハシのなかまたちからは、多くのことを学べるはずです。

# Chapter 5

# カモノハシが歯を失った話と私

# 5-1 カモノハシの研究者になるまで

## カモノハシとの出会い

この章では、私の行ってきたカモノハシ研究について、そこに至るまでの流れ、さらにはどのようにこの研究を思いついたのか、研究者としてのアプローチを紹介しながら、研究の実際、そして裏側までお話ししていこうと思います。まずは、そもそもの事の始まりとして、私がカモノハシを好きになったきっかけを披露したいと思います。

小学生の低学年の頃、科学雑誌の『ニュートン』を開いた私は、ある摩訶不思議な生き物のイラストにおどろきました。くちばしがあって、毛皮ももっていて、みずかきがある。このような生き物がいるのかと、そのエキゾチックな外観に心を奪われました。それだけではありません。なんと、その生き物は哺乳類なのに卵を産むと書いてあります。なんと不思議な生き物だろうか！　それが私とカモノハシとの出会いでした。子ども心にカモノハシの印象は深く刻まれ、自分なりのカモノハシのキャラクターを描くようになり、高校生の頃にはカモノハシのマンガを描いていました。以来、カモノハシ好きを公言してくらしてきたのでした。

生き物の進化への興味から京都大学に入学すると、「生物科学の会」という、生物学の自主ゼミを行うサ

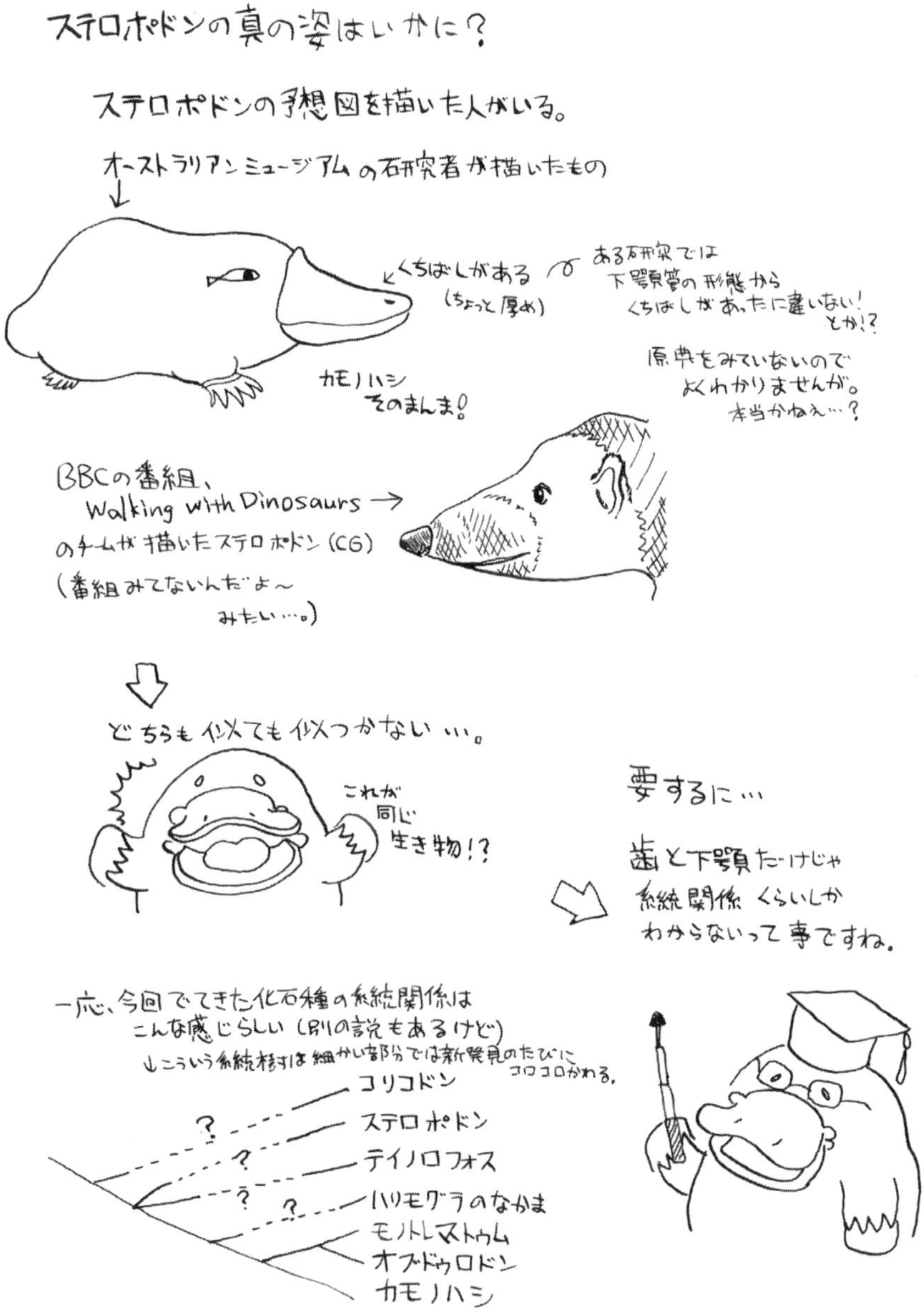


大学生の頃に描いた化石単孔類の解説。

ークルに入って、その活動にエネルギーを注ぎました（もちろん大学生らしくサークルの友人と一緒にゲームをしたり、遊びに出かけたりもしました）。サークルではカモノハシが好きだったことから、哺乳類の進化にも興味をもち、「カモノハシと考える哺乳類の進化」といったタイトルのゼミも行いました。

サークルの先輩が所属していた「動物系統学研究室」にも顔を出し、輪読会に参加して、研究室の先輩方に交じって哺乳類の進化に関する本を読むこともしました。輪読会とは、多くの場合、（英文の）学術書について分担箇所を決め、決められた部分を読み込み、語句や概念の説明をするとともに、担当でない人たちとも話し合って、本の内容の理解を深め合う会です。

カモノハシ好きだった私は、当然のように単孔類の項目を担当しました。単弓類の時代から化石哺乳類の進化について書かれていたその本は、化石単孔類にも触れていました。しかし、見つかっている化石単孔類は数少なく、それらもほとんどが歯と下顎だけであることが書かれていました。

## 歯の研究をテーマに

そうした本を通じて、単孔類の進化を研究するには、歯がとてもだいじだということが実感できました。私は、歯の研究をすることを決意します。

大学院では、先ほどの動物系統学研究室に所属しました。そして、トカゲが専門の疋田努先生や、哺乳類が専門の本川雅治先生の元で、歯の比較形態学をテーマに選びました。もちろんカモノハシの研究をテーマにすることも考えましたが、日本でカモノハシの研究をそのままやるのはたいへんですし、いきなりカモノハシだけに対象を絞ると、ほかの科学的に重要なことを明らかにする機会を得られないかもしれません。そこで、カモノハシも視野に入れつつ、哺乳類全体における歯の形態進化を明らかにする研究をしようと思ったのです。まずは多様な食性に適応進化していた食肉目哺乳類（イヌやネコ、クマ、イタチのなかま）を中心に始めました。

修士課程のころはタヌキの頭骨と歯の研究がメインテーマになりました。タヌキの頭骨標本を大量に収蔵していた京都大学霊長類研究所には、共同利用研究員としてたびたび訪れることになります。そこには、解剖学者として有名な遠藤秀紀先生（現・東京大学総合研究博物館教授）がいらっしゃって、共同利用研究の受け入れ教員としてお世話になりました。

私の研究は、世界中の博物館に収蔵されている骨や歯の形を見ることによって行います。このような、形を見る学問を「形態学」といいます。形態学の研究のよいところは、ある分類群で使った研究手法を、別の分類群でも応用できることです。もちろん、分類群ごとに少しずつ形がちがいますから、なにからなにまで応用させることはできないのですが、それでも生身の動物を対象にするよりは、さまざまな生き物に幅広くチャレンジしやすいのです。たとえば、私の食肉目研究でも、現生食肉目で得られた歯の形態と食性の対応関係のデータから、化石の食肉目の食性を推定することもしています。このように、研究成果を少し離れたところで応用することも可能です。

この食肉目を中心とした研究は、それなりに大きな成果を出していくことになりますが、私の頭の片隅には、いつもカモノハシのことがあり続けました。やがて、メインテーマの研究を行う傍ら、カモノハシの研究を開始することにしたのです。

形態学の研究では、海外の博物館で哺乳類の標本調査を行うことがよくあります。そのときに、カモノハシの頭骨もデータとしてとり続けたのです。博士課程の頃、夏に2か月半ほどニューヨークのアメリカ自然史博物館で研究したことがありました。メインの研究は食肉目であるものの、滞在2日目にはカモノハシの標本調査を行っていました。大学院生の立場であっても、さまざまな仕事が多く、なかなか研究活動に集中することができない日本とちがい、アメリカ自然史博物館で過ごした日々は、毎日標本と向き合うことができました。このときは、ワシントンＤＣにある国立自然史博物館（スミソニアン協会という多くの博物館を運営する団体が管理しています）でも調査を行い、カモノハシの標本も見ました。学生時代に行ったカモノハシの研究に関しては、結果は出ませんでしたが、後に、この米国滞在で得られたデータで何本も論文を書き、そのうちの一部は大きな成果となりました。

## カモノハシ研究者に向けて歩み出す

研究者を目指す若者にとっての、第一関門である博士号取得の目途が立ったころ、時間的にも精神的にも余裕が出てきた私は、新たなカモノハシ研究に乗り出します。注目したのは、頭骨が残っていたオブドゥロドンです。世界で1つしかないオブドゥロドンの頭骨はよく研究されており、幸いにもＣＴデータが撮影済みでした。国際学会でそのＣＴデータを撮影するのに協力した研究者と話す機会があり、共同研究としてそのデータを利用できそうなことがわかりました。さらに、国内の学会で知り合った、東京有明医療大学の小泉政啓先生がカモノハシの液浸標本（アルコールなどの保存液に浸けた標本のこと。私は乾燥した骨格標本をメインで使っています）を持っていらっしゃることも知りました。

博物館で見てきた現生カモノハシのほかにも、扱える有力な資料があるということは、研究の幅を広げてくれそうでした。オブドゥロドンと現生カモノハシの頭骨形態を比較する研究を考えた私は、博士号取得が決まった２０１３年の３月に、米国・ワシントンＤＣの国立自然史博物館にカモノハシ標本の調査に行き、データをとりました。

その帰りの飛行機でトラブルがありました。成田空港に向けてワシントンＤＣの空港を離陸した直後、車輪が格納されたというサインが出ないというのです。ワシントンＤＣの空港に緊急着陸するというので、機内は騒然としていました。機体を軽くするため燃料を捨てながら旋回を続ける機内の中で、どうしようか考えました。胴体着陸のような形になってしまったら、緊急脱出することになるでしょうが、そのときは荷物を持って逃げることができないのが決まりです。けれども、火が出たら荷物が失われてしまいます。

そこで、まずは失われては困るものの筆頭である、カモノハシのデータの入ったハードディスクをジャケットのポケットにしっかりしまいました。次に、持って行ったほうが確実によいもの、パスポートや財布などを、ジャケットの空いたポケットに、せっせと詰めたのでした。原因は計器の故障だったようで、幸いにも、遅れが出たくらいで日本に帰りつくことができました。こうしてカモノハシの形態データも無事に持ち帰れましたが、その段階で検討していた仮説は棄却されてしまい、またほかの研究を論文にすることでとても忙しかったこともあり、残念ながら研究はあまり進展しませんでした。

博士号を取得し、研究者として歩み始めたら、まずはどこかの研究室でポスドクをすることが一般的です。いくつかあった候補の中から、修士課程時代から縁のある、京都大学霊長類研究所を選びました。ここは文字どおりサルのたくさんいる研究所で、チンパンジーの鳴き声が日々聞こえるエキゾチックなところです。しかし、私がとり組むのは形態学ですから、向き合うのは物言わぬ骨格標本です。そして、霊長類研究所をポスドク先として選んだのは、これまでの研究に化石哺乳類を加えた研究を行い、その技法を身につけるためでした。所属したのは、化石哺乳類の研究室を主宰されていた高井正成先生のもとでした。

犬山でくらし始めて半年目の２０１３年の秋、縁あって愛知県の私立大学、中京大学で非常勤講師をすることになりました。初めて大学の教壇に立つということで、秋学期は普通の生物学を講義しました。年度末、引き続き講義を担当することになった次の春学期にどんな講義をやろうかと、シラバスの原稿を前に思いあぐねました。

そこで思いついたのが、私のカモノハシ好きを生かした講義、「カモノハシと学ぶ哺乳類の進化　そして科学と社会との関係」だったのです。大学にその年の講義プランのシラバスを提出しましたが、とくになにもいわれなかったので（却下されることもあります）、そのままこの講義は開講されることになりました。この講義はその後、私の看板講義となります。霊長類研究所のあと、三重大学、そして愛知学院大学と、いろいろな大学に移籍することになりますが、どこでもこの講義を開講しています。

幼い日、私にカモノハシのおもしろさを伝えてくれた『ニュートン』に恩返しをすることができたのも、この頃です。雑誌に載るカモノハシの記事を、私が監修することになったのです。犬山での日々は、その後、カモノハシの研究を進めていく上での地固めになりました。そして、この犬山での生活の中で、研究上の大きな気づきを得ます。それは、カモノハシの講義を準備する過程で得られたものでしたが、詳細は後ほどお話しします。

この気づきに基づいて、２０１５年3月にワシントンＤＣの国立自然史博物館で新たにデータを取得しました。ちなみにそのときも帰り道で飛行機はトラブルを起こしました。デトロイトで乗り継いだ中部国際空港行きの飛行機が、離陸の際にすごい音を立てて止まってしまったのです。さっそく修理が始まりました。何度も「あと40分で修理が終わります」という放送が流れますが、飛行機は一向に飛び立たず、１話40分の連続ドラマは1話、また1話と展開していきます。地上でかなりの話数を見終わっていましたが、データは無事に日本に持ち帰ることができました。

## 三重大学での日々

その同じ年の4月には三重大学に籍を移し、ここでも「カモノハシの先生」として楽しく教育研究に勤しむことができました。私がカモノハシの授業をしているときは、いつも教卓の上にカモノハシのぬいぐるみが鎮座しています。カモノハシの飼育で有名なヒールズビル動物園で買ったもので、学生時代からの長いつき合いです。実物のカモノハシと同じくらいの大きさなので、カモノハシのサイズ感を伝えることも含めて、授業の度に働いてもらっています。

三重大学では「別荘」とよばれる別棟に研究室がありました。別荘組は少人数の集まりということもあり、自然と隣同士の先生方と仲よくなりました。その頃は、私の研究室で定期的にお茶会を催していたものです。神経生理学の先生や政治学の先生を中心に、言語学の先生や科学史の先生が遊びに来ることもありました。

そこで仲よくなった先生の一人、政治学の村上友章先生は政治外交史がご専門でした。そのようなご縁から、以前から構想していた「カモノハシ外交」に関する論文を村上先生にアドバイスをいただきながら執筆することになりました。この内容は第6章でまたお話しします。

三重大学に移ってからは、やってみたかったことにいろいろと手を出す機会を得ることができました。独立して研究室を営む立場になったこと、そして大学という組織の中でも教養教育を担当する部局に属したことは大きなメリットとなりました。さまざまな専門の先生が集まる空間であるため、専門の遠い先生と交流する機会を得やすく、広い視野で研究活動を進められるのです。これは現在、私がいる愛知学院大学でも同様です。おかげで本来の専門である生物学分野に加えて、それに限らないさまざまなアプローチでカモノハシに迫っていくことができています。

もともと私は哺乳類の進化の研究者として「日本哺乳類学会」や「日本進化学会」に所属して研究を続けてきました。ありがたいことに、それらの学会からは研究業績を評価していただいて、日本哺乳類学会からは２０１６年に奨励賞を、日本進化学会からは２０１９年に研究奨励賞をいただいています。こうした理系の学会に加えて、近年は「生き物文化誌学会」にも所属し、活動しています。生き物に関する文化誌的な研究をされている方が多く、先述の遠藤秀紀先生も所属されている学会です。余技ではありますが、カモノハシに関して生物学的アプローチのみならず、文化誌的な内容にも幅を広げて研究を進めています。

## 5-2 カモノハシが歯を失った理由

### 咀嚼するのに歯を失ったカモノハシ

さて、私の専門的な研究の話です。現代のカモノハシは成体に歯がなく、そのかわりに角質板で咀嚼を行います。一方、カモノハシの直接の祖先と考えられるオブドゥロドンは、カモノハシにそっくりに見えますが、臼歯が生えているというちがいがありました。オブドゥロドンで臼歯が生えているところは、ちょうどカモノハシの角質板があるところです。つまり、カモノハシはオブドゥロドンから進化する過程で歯を失い、角質板で咀嚼をするようになったのです。

カモノハシのように、進化の過程で歯を失った哺乳類は何種類かいます。ヒゲクジラのなかまはろ過摂食への適応として歯を失い、代わりに「ひげ」を獲得しました。センザンコウやア

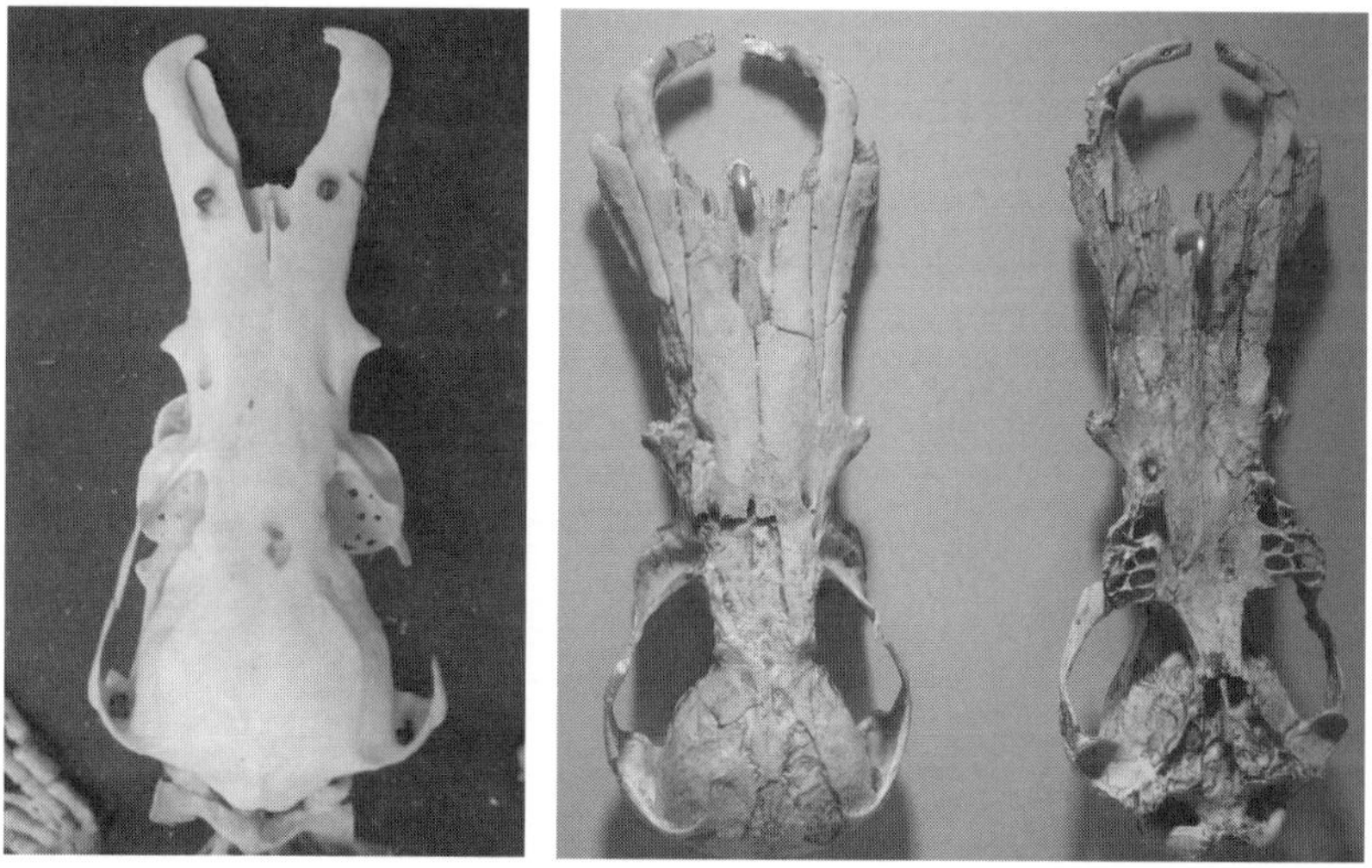

カモノハシの頭骨（左）とオブドゥロドンの頭骨の化石のレプリカ（右）。

リクイ、ハリモグラは、アリ食への適応として歯を失いました。中でもアリクイとハリモグラは顎の動く方向すら変わっており、左右の顎の骨が独立して左右に動くことで、長い舌の出し入れを助けるしくみになっています。顎というものが咀嚼運動すらできなくなっているのです。これら進化の過程で歯を失った哺乳類たちは、どれも咀嚼をしなくなってしまったという特徴があります。ものを噛まないのであれば、歯がいらなくなるのはもっともなことに思えます。

ところが、カモノハシだけは咀嚼するのにも関わらず歯を失いました。現代のカモノハシは角質板で咀嚼をしますが、なぜ歯のある祖先から、わざわざ歯を失って、歯の代わりに角質板で咀嚼するようになったのでしょうか？　オブドゥロドンもカモノハシも、同じようにくちばしがあり、水中で獲物を捕らえて食べるくらしをしていたはずなのに、とても不思議なことです。このように、咀嚼をするのに歯を失った哺乳類はカモノハシしか思いつきません。その背後には、なにか特別な理由がありそうです。

## 講義準備の最中に思いついた新仮説

カモノハシがなぜ歯を失うような進化を遂げたのか、その謎に迫るため、まずは仮説を考えることになります。たとえば、くちばしを平たくすることで採餌しやすくなると仮定して、その適応進化の過程で、歯の生えるスペースが不足したのではないか、といった可能性です。仮説を立てるときには、カモノハシはくちばしが重要な感覚器官であることにも留意する必要がありそうです。

数ある哺乳類の中で、咀嚼するにも関わらず歯を失ったのはカモノハシだけですから、カモノハシに特有のなにかがその背景にはあるはずなのです。くちばしの電気感覚はカモノハシの専売特許ですから、その感覚を伝える神経「三叉神経」の存在は、まちがいなく注目すべきところです。

これら三叉神経（のうち上顎神経と下顎神経）は、オブドゥロドンの歯の直下を通っており、カモノハシであれば角質板の直下を通っています。私たち哺乳類の歯は表面だけについているものではなく、歯根という根っこが骨の中まで深く入りこんでいます。一方で、カモノハシのもつ角質板の根っこは、それほど骨の奥まで入りこむものではありません。もしかして、この神経の存在が歯根の収まるスペースを奪ってしまったのではないか、その結果、代替として角質板が獲得されたのではないか、そういう可能性も推測することができます。しかし、単孔類の電気感覚は中生代からあったくらいのものですから、オブドゥロドンとカモノハシで状況が変化して歯が生えなくなったようには思えませんでした。

このように、仮説を立てるためにいろいろなことを考え続けていたので、ふとしたきっかけで研究を進めるアイデアを得られました。このときは、大学の講義でカモノハシの感覚器官について話すために、関連した文献を読んで準備していたのです。

文献には、カモノハシの眼球の形状は、水中で目を使う哺乳類のそれに類似しているということが書かれていました。具体的には、光を屈折させるレンズ（水晶体）の後ろ側が、陸上哺乳類よりも凸形なのです。この特徴はイルカやラッコなどで見られ、水の屈折率の高さに対する適応だと考えられます。一方で、カモノハシと同じ単孔類のハリモグラは、通常の陸上哺乳類のもつような眼球形状をしています。

カモノハシは水中を泳ぎますが、水中では目は開きません。カモノハシは水中で目を使わないのに、その眼球は水中で目を使う哺乳類のような形状になっているのです。さらには、網膜の視細胞が集中しているエリアが水中生活をする哺乳類に似ているということも明らかになっているようです。その文献の中ではその理由として、カモノハシの祖先が水中で目を使っていた名残ではないか、ということが議論されていたのです。

この事実はそれまで漠然と考えていた、「オブドゥロドンとカモノハシは、同じような姿だから同じようなくらしをしていただろう」という前提がちがうのかもしれないと思い至らせるものでした。オブドゥロドンは水中で目を使っていたかもしれないのです。そう考えると、目を使わないカモノハシのほうがくちばしの感覚に依存する必要がありそうですし、その結果、くちばしに向かう神経が太くなった可能性があります。それらの神経は歯の真下を通っていますから、神経が太くなれば、歯根の収まるスペースとのとり合いが生じ得ます。このようにして、2つの仮説を思いつくことができました。

1つ目は、オブドゥロドンとカモノハシでは、依存する感覚器官が視覚からくちばしの感覚へと変化したのではないか、という仮説です。2つ目は、カモノハシではくちばしの感覚が発達することで神経が太くなって歯根が収まるスペースがなくなってしまい、そのために歯が失われたのではないか、という仮説です。有力そうな仮説を思いついたということで、研究ではこの仮説を検討するため、頭骨形態の比較をしていくことになります。

このように講義の準備が研究に役立つこともあります。研究者、中でも大学教員の仕事は多岐に及ぶのですが、教育と研究はどちらも大きなウェートを占めます。一般に、教育における負担は、研究を進める上での障害になる、という見方がなされることが多いようです。これは一面ではまちがっていません。人間の使い得る時間には限りがありますから、なにかに時間をとられれば、別のことに使える時間は減ってしまうのです。一方で、強制的になにかをすることは、それがなければ触れ得なかった情報に行き当たることにもつながります。今回の場合、もし私が研究に集中していたら、眼球の解剖学的特徴を記した論文の記述には、なかなか気づかなかったのではないかと思います。講義の準備という、ある意味で、自分の興味とは直接関わりのない情報も網羅する必要に迫られたため、研究上の重要な情報に気づくことができたのです。この経験は、その後、教育と研究という2つの仕事を両立していくうえで励みにもなりました。

## 博物館の収蔵庫

仮説を思いついたら、それを検証していくことになります。どうすれば、この2つの仮説を検証することができるでしょうか？　化石を使った研究の場合、残っている情報は形の情報です。そこで、形を比べる「比較形態学」という手法を用いることになります。形を比べるためには、個体変異（個体ごとの形のちがい）を踏まえた比較が必要になってきます。そのため、多数の標本を調査し、比較検討する場合が多くなります。

今回の研究の場合は、オブドゥロドンの頭骨は世界に1つしかありません。その頭骨とカモノハシの頭骨形態を比較することになりますが、少なくともカモノハシの頭骨は多数調査する必要がありました。とくに、カモノハシとオブドゥロドンは体（頭骨）の大きさがそもそもちがいますので、個別の部位を見るときに、大きさを補正しなければなりません。そのために用いられる解析が「アロメトリー解析」といわれるものですが、そのためにも何個体ものカモノハシ標本が必要になるのです。

このような研究を行うのに必要な多数の標本は、博物館（自然史博物館）で調査することができます。博物館というと、さまざまな標本が展示されている空間を思い浮かべる方が多いと思います。しかし、博物館の神髄はそういった展示以外のところにもあるのです。それが、「収蔵庫」という空間です。

多くの博物館では、展示されているよりもずっと多くの標本を保有しています。これらの標本は奥の収蔵庫に収められていて、普段は人目に触れませんが、研究目的であれば、世界中の研究者に公開されています。次章でもお話ししますが、数百年の歴史のある自然史学の活動が、数多くの標本を博物館に収め、利用する伝統を築いてきました。

私たち現代の研究者も、この蓄積を利用して研究を進めることができるのです。しかし、このような自然史の研究は欧米が発祥です。また、日本は伝統的にこういった分野に資金を投下しない傾向があり、日本の博物館だけですと、研究のために十分な標本が得られないことが多くあります。

私の研究も、アメリカの博物館の標本を利用して進めることになりました。とくに、ワシントンDCにある国立自然史博物館は標本のデータベースが充実しているため、ここでお話しする研究には、そこの標本を使っています。ワシントンDCには、国立自然史博物館以外にもスミソニアン協会が運営する博物館がたくさんあり、それが官庁街と交じり合うように並んでいます。ヨーロッパと比べて新興国として発展していったアメリカ合衆国が、知の蓄積をだいじにしながら国家を築いていこうとした意思を感じることができます。

その中にたたずむ国立自然史博物館は何度も訪問している場所ですから、定宿もあり、道筋もだいたい覚えています。研究者向けの窓口へと向かい、約束していた標本マネージャーのルンデさんと会います。私の指導教員とも仕事をしたことのある方です。それ以前はニューヨークのアメリカ自然史博物館で仕事されていて、私がそこに長期滞在した折にお世話になった経緯がありました。彼に案内され、カモノハシの標本が収められているフロアに行きます。引き出しを開けると、そこにはたくさんのカモノハシたちが待っているのです。ルンデさんは自分の仕事をしに行ってしまいますので、私は1人収蔵庫で骨を標本箱からとり出しては、写真を撮ったり、計測したりを繰り返します。こうして得られたデータを日本の研究室に持ち帰り、解析します。このように世界各地の博物館でデータを集めては、それを使って研究するのが私の研究スタイルです。

## 日・米・豪のコラボレーション

頭骨標本はアメリカで調査できましたが、それだけだと骨の外側の形（外部形態といいます）しか計測することができません。カモノハシにおいて、くちばしに向かう神経の拡大に伴って、歯の生えるスペースがなくなったという仮説を検証するには、神経の通る穴（眼窩下管や下顎管）が拡大することで、どれだけ歯の生えるスペースが奪われてしまったのか、骨の断面を見る必要が出てきます。

内部構造を調べるには、CTを撮影するのがいちばんの近道です。これには標本をCT装置のある施設まで運ばなければいけませんので、海外でそうするよりは日本のほうがロジスティクスの面で有利です。そこで、東京有明医療大の小泉先生の助けを借りることになりました。小泉先生の所有するカモノハシの液浸標本を使い、それをCT撮影することにしたのです。CT装置は名古屋大学の藤原慎一先生のご紹介で、国立科学博物館の倉持利明先生のところの装置をお借りすることができました。スーツケースの中に貴重なカモノハシ標本を収めて、つくば市にある国立科学博物館の研究施設に向かいます。そこで意気揚々とCT撮影をしたのですが、残念ながらCT装置が小さくて、あまりうまく撮影できません。

困った、どうしたものかと考えあぐねながら、どういう流れだったか、その場にいた化石爬虫類研究者の松本涼子先生に案内されて、同じく国立科学博物館の真鍋真先生のお部屋にお邪魔することになりました。そこでお茶とお菓子をいただきながらカモノハシをうまく撮影できなかったという話をすると、耳寄りな情報を得ました。もっと大きな装置が上野の展示施設の中にあり、ちょうど今日人類学の河野礼子先生（現・慶應義塾大学）が標本を撮影しているはずだというではありませんか。そこで厚かましくも急なお願いをしたところ、その日の作業のついでにカモノハシ標本も撮影していただけることになりました。

　ちょうど真鍋先生のところでお仕事をされていた坂田智佐子さんが上野に移動するというので、ご一緒させていただき、上野へと向かいました。上野の国立科学博物館にはいくつかの建物がありますが、そのうちの地球館の地下に恐竜の骨格標本が並んでいる部屋があり、その奥にＣＴ装置が置かれています。お忙しい中ご快諾くださった河野先生の横でカモノハシの標本を装置に詰め、撮影を行いました。このように予想外のハプニングはあったものの、多くの方々の優しい手助けで、無事カモノハシのＣＴデータを手に入れることができました。

　一方、この研究のためには、オブドゥロドンの頭骨形態も調べなければなりません。ところが、こちらは幸いなことに、ＣＴデータがもともとあったのです。オブドゥロドンの脳の形態を調べるために、米国・セントメアリー大学のマクリーニ先生や、オーストラリア・ニューサウスウェールズ大学のアーチャー先生、ハンド先生らがオブドゥロドンの化石標本をＣＴ撮影していました。そこで、私は共同研究という形でそのデータを使わせてもらうことにしたのです。こうして、必要となるデータは、すべてそろえることができました。あとは解析を進めるのみです。

## カモノハシはなぜ歯を失ったのか

もともとオブドゥロドンの頭骨はよく研究されていましたが、私は、今まで注目されてこなかった特徴に着目して研究を進めました。1つ目の仮説である、オブドゥロドンからカモノハシにかけて、依存する感覚が、視覚からくちばしの感覚へと変化した可能性を検証するため、眼窩下管の太さや眼窩の大きさを計測しました。眼窩下管はくちばしの感覚を脳に伝える上顎神経の通る管ですから、その太さは神経の太さと相関しているはずで、くちばしの感覚の鋭敏さを示す指標ともなると考えられます。また、眼窩の大きさは眼の大きさと相関しているはずで、それは視覚への依存度の指標ともなると考えられます。巨大な眼をもつバイカルアザラシなど、視覚に依存する生き物は眼が大きくなる傾向があるのです。それから、頭骨形態のうち、くちばしの向く角度についてもオブドゥロドンとカモノハシとで比較しています。

　さらに、2つ目の仮説である、カモノハシにおいて、神経が太くなったせいで歯根の収

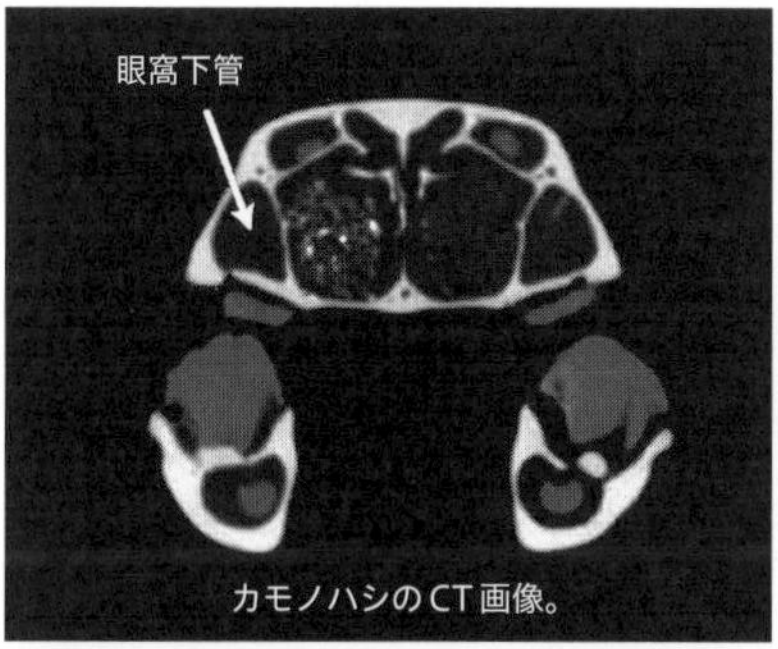

カモノハシのCT画像。

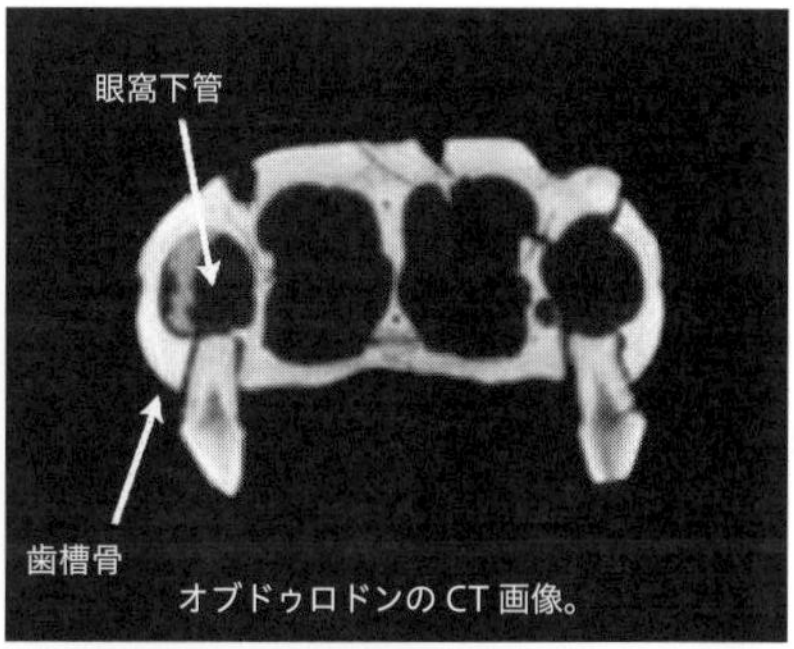

オブドゥロドンのCT画像。

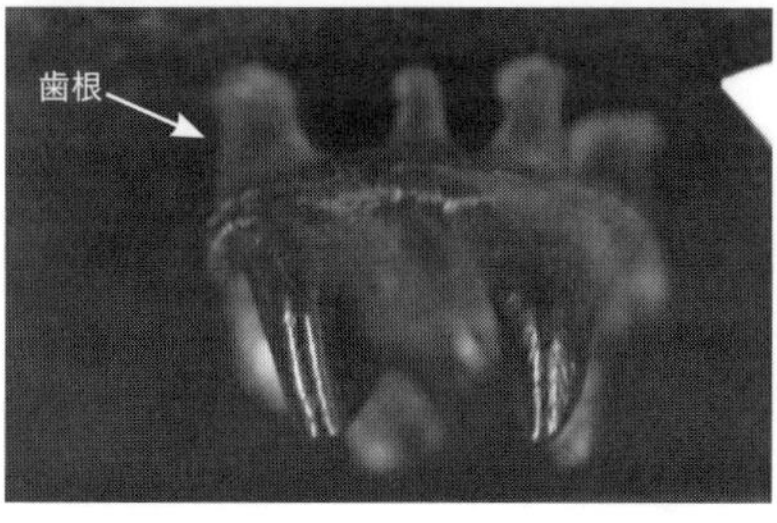

オブドゥロドンの臼歯。カモノハシに同程度の歯が生えたら神経に刺さってしまう。

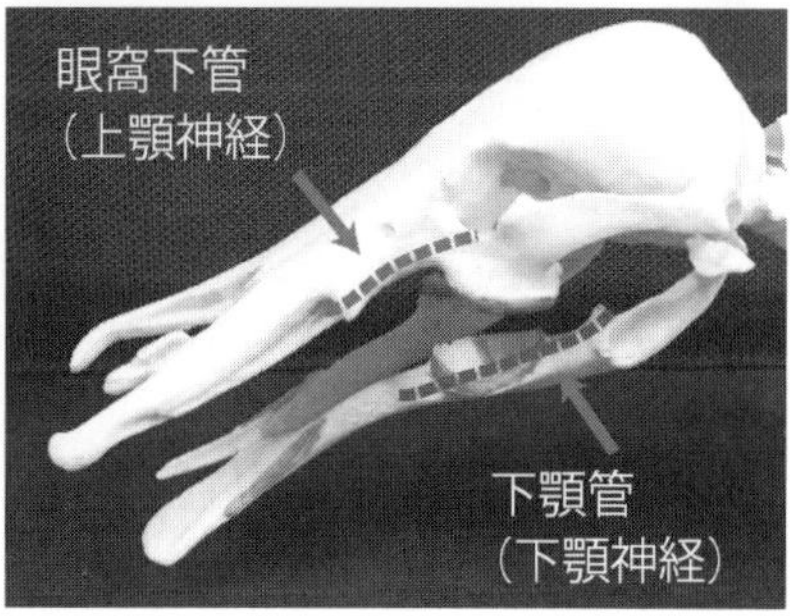

まるスペースがなくなったという可能性を検証するため、CTデータから頭骨の断面を調べました。

これらの比較の結果、さまざまなことがわかってきました。まず、最初に立てた2つの仮説はどうやら正しそうだ、ということです。頭骨全体の大きさで補正すると（アロメトリー解析）、眼窩下管の太さはオブドゥロドンよりもカモノハシのほうが相対的に太い一方、眼窩のサイズは両者でほぼ同一か、オブドゥロドンのほうが大きい傾向を示しました。

つまり1つ目の仮説であった、カモノハシで、くちばしの感覚が強まったことが明らかになったのです。そして、先行研究でいわれていた眼球の解剖学的情報も併せると、オブドゥロドンは相対的に視覚に依存していた可能性が高いと考えられました。

また、CT撮影した頭骨の断面を見ると、オブドゥロドンのほうは、眼窩下管の周囲に歯根が収まるだけの骨の厚みが残っているのに対し、カモノハシのほうは、管が広がりすぎて骨の厚みがほとんどなくなっていました。つまり、2つ目の仮説であった、

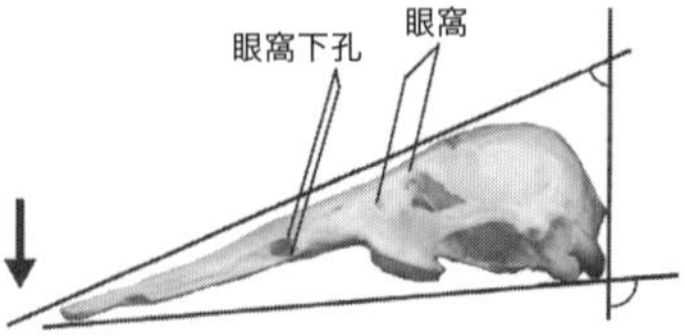


カモノハシはくちばしが下向き

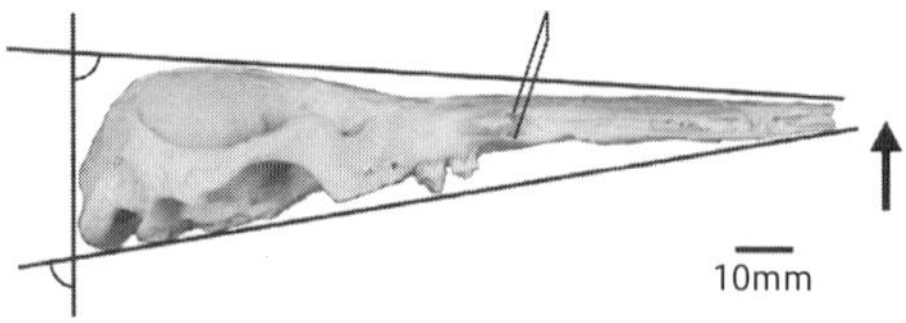


オブドゥロドンはくちばしが上向き

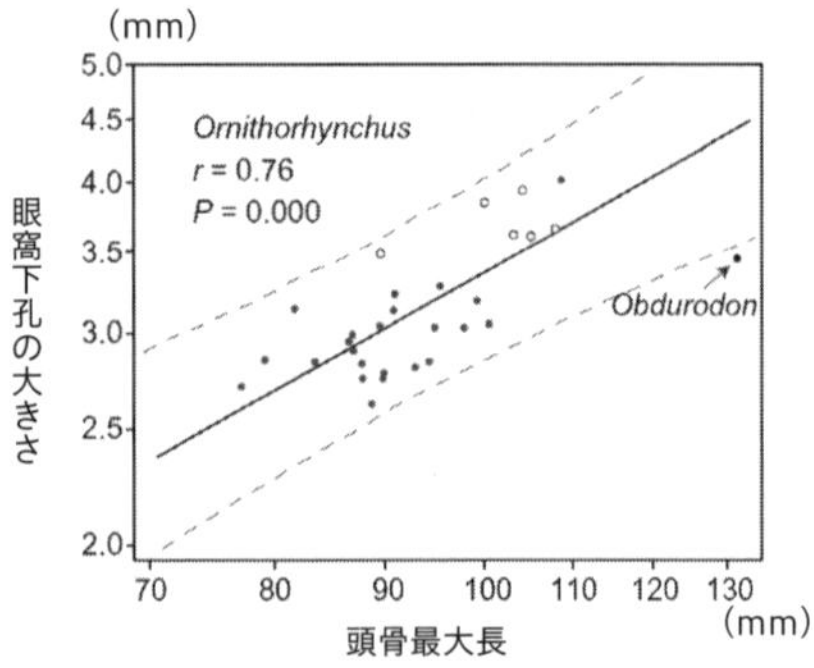


カモノハシとオブドゥロドンの眼窩下管の
頭骨に対する大きさを比較したグラフ。

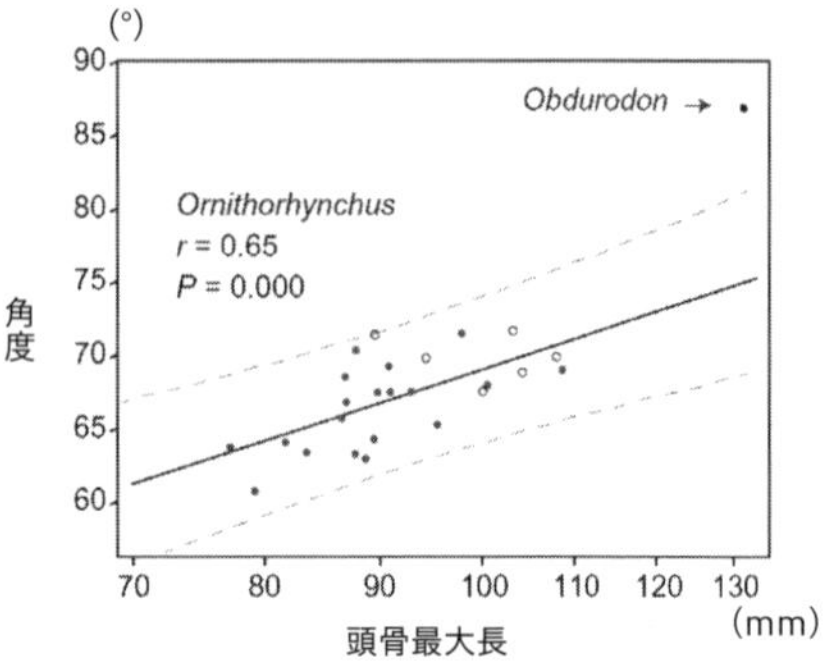


カモノハシとオブドゥロドンの
くちばしの角度を比較したグラフ。

神経が拡大することで歯根の収まるスペースがなくなってしまったらしい状況がカモノハシで生じていたようなのです。

もちろん、これには頭骨全体の厚みが大きくなれなかったことも影響しています。カモノハシは水底で頭を振りながら獲物を探しますから、くちばしを中心に、頭骨を厚くすることができないのです。その結果、神経と歯根はスペースを奪い合うことになったのだろうと思われます。

もう一つわかったことが、オブドゥロドンとカモノハシとのくちばしの向きに見られるちがいです。頭骨と首の骨との結合部を基準とすると、オブドゥロドンのくちばしは上向きであるのに対して、カモノハシのくちばしは下向きです。このカモノハシの下向きのくちばしは、カモノハシが下を向いて、水底で餌を探すことと関係していると考えられます。

だとすると、オブドゥロドンの上向きのくちばしは、オブドゥロドンがカモノハシと異なり、水中を泳ぎながら獲物を探していたことを反映している可能性があります。そう考えると、カモノハシが依存する感覚器官を視覚からくちばしの感覚へと変化させたこととも整合性が出てくるのです。

## 感覚と歯が関係している

こうして得られたデータを総合した結果、左記のような結論が導き出されました。

オブドゥロドンは水中で、くちばしの感覚だけでなく、視覚を使って獲物を探し、捕らえていました。しかし、カモノハシへと進化する過程で、採食場所が水の底へと変化しました。水の底で獲物を探すと、泥が舞い上がります。そうすると視覚は役に立たなくなってしまうため、くちばしの感覚に依存するようになります。おそらくこうしてカモノハシは水中では目をつぶるようになったのではないでしょうか。一方、くちばしの感覚が発達するとともに、上顎神経や下顎神経が太くなり、歯根の収まるスペースは徐々に侵食されていきます。そうして、歯根の収まるスペースが足りなくなったとき、歯が生えない代わりに、より薄い角質板が表面をおおうようになったのでしょう。

　このストーリーは、実際にはもう少し複雑なものだったかもしれません。オブドゥロドンには歯が何本か生えていましたから、神経が太くなっていく過程で、よりスペースの足りないところで歯が失われ、そこで角質板が形成された一方、別の部分では歯が残っていたような段階があったかもしれません。現代のカモノハシが痕跡的な乳歯だけを生やすのと同様に、過渡期のオブドゥロドンは一時的に歯を生やし、後に角質板に移行した可能性もあります。このあたりはオブドゥロドンからカモノハシにかけての移行段階の化石が発見されることで明らかになるでしょう。

　このようなできごとが起こったのは、最も新しいオブドゥロドンが知られている700万年前よりも後のことである可

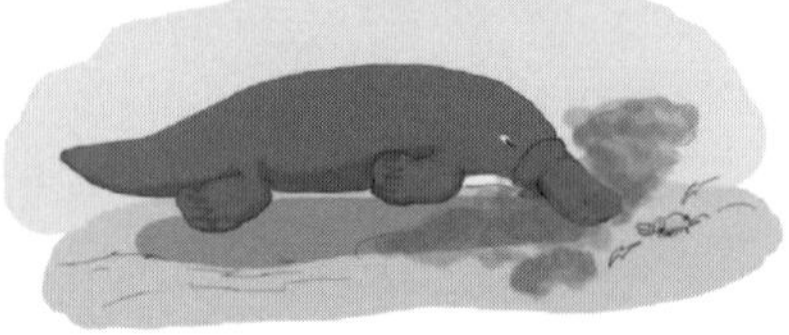
水底で採餌するカモノハシ

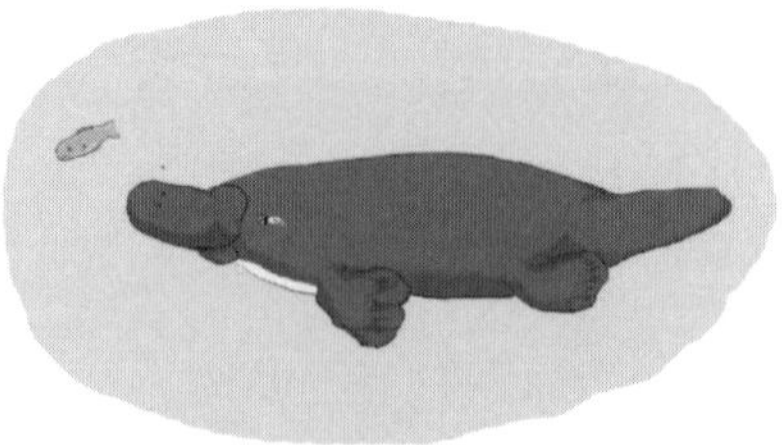
水中で採餌するオブドゥロドン

能性が高いと考えられます。これまで、１億２０００万年前に生息していたテイノロフォスがすでに太い下顎管（＝太い三叉神経）をもっていたため、単孔類の電気感覚（あるいは口先の敏感な感覚）は中生代から発達していたと考えられていました。そうした定説に対して、この研究の結果、単孔類の電気感覚が現代レベルまで発達したのは、最近７００万年以内のできごとであるということが明らかになったのです。定説を書き換える成果といえるものでした。

　こうした結果が出てから気づいたことですが、カモノハシ型の単孔類であるモノトレマトゥムから数種のオブドゥロドンの臼歯形態を比べてみると、時代が下るとともに徐々に臼歯が扁平になり、歯根が短くなっているのです。最も古いオブドゥロドン（*Obdurodon insignis*）に比して、もっとも新しいオブドゥロドン（*Obdurodn tharalkooschild*）は明らかに上下に縮まった形をしています。これから研究していく予定の内容ではありますが、本研究の結果と併せて考えると、この歯根の長さから、単孔類の電気感覚が時代とともに徐々に発達してきた可能性を議論することができると思います。

　一方で、頭骨が見つかっているオブドゥロドン（*Obdurodon dicksoni*）も、臼歯の歯根は骨の層を突き破って裏側に露出しています。つまり、この段階でも、骨のスペースに比して歯根の収まるスペースはぎりぎりの量しかなかったということです。オブドゥロドンは確かに永久歯が生えていましたが、それもようやく辛うじて歯を生やせていた状態と考えられます。

### 反応に驚く

　この研究成果は、アメリカのScienceという有名な論文誌に……は投稿したものの審査を通過せず、その姉妹誌であるScience Advancesという論文誌に載りました。こちらもなかなか論文を載せることは難しい雑誌（のはず）ですし、ずっとやりたかったカモノハシの研究でしたので、採択通知が来たときは嬉しかったのを覚えています。「採択してもよいが、ここを直せ」という知らせが届いたのが、２０１６年７月のことでした。ちょうどカモノハシのデータを取得したワシントンＤＣの街で国際会議に出ている最中で、不思議な縁を感じました。共著者に入っていただいていた小泉先生も同じ会議に出席されていましたので、口頭でうまくいきそうだとお伝えすることができました。

　その後、論文を直して再投稿し、９月にはアクセプトの通知（論文の受理通知＝出版ＯＫの返事）が届きました。２週間後には日本哺乳類学会の奨励賞を受賞し、そこで記念講演をする予定でしたので、嬉々としてカモノハシの研究も講演内容に入れることにしました。

　そうして論文が出版されたのが、10月のことです。思い入れのある研究でしたので、プレスリリースも出すことにしました。研究成果を解説すべく、自作のかわいい（？）カモノハシの絵も描いて、リリースにつけました（→１３８ページ）。なお、プレスリリースを出したのは日本向けだけです。海外の報道機関の場合、プレスリリースをしなくても論文を読んで記事にしてくれることが多いためです。

　論文が出て間もなく、反響が届き始めます。まず、海外での報道が先行しました。オーストラリアの科学誌や、アメリカのオンラインメディアで報道されたほか、ブラジルの新聞や、ドイツの雑誌にも掲載されました。海外の報道機関は専門的な知識をもった記者さんを抱えていることが多く、あえて直接の取材をせずに論文から記事を書くことも多いのです。

　ドイツの雑誌から取材を受けた際には、記者さんとのやりとりの中で、非常に重要な事実を知ることになりました。カモノハシについて初めて出版された書物は、次章で述べますが、分類学の記載論文ではなく、ドイツで書かれた図鑑だったようなのです。

こういった取材攻勢のようなものを受けるのは初めてでしたが、専門的な成果を出すことで取材を受け、その中でさらに耳寄りな情報を得られるといったサイクルが起こるということはとてもいい経験になりました。とくに、海外の報道機関では博士号をもった記者さんが記事の作成に当たっていることも多く、情報のやりとりがスムーズに進みますし、こちらが思いもしない情報を得ることもあります。もちろん日本でも科学雑誌を中心にそういった例は多いですが、一般の報道機関では、まだ海外の水準には追いついていないようです。

そして徐々に日本の報道機関も興味を示してくれて、ちらほらと記事が出始めます。オンラインメディアがプレスリリースから記事を起こしてくれたほか、いくつかの新聞社や、共同通信社から取材を受けました。日本の報道機関の場合は専門的な記者がいないようで、基本的に取材対象である私がレクチャーすることになります。短い記事を書くためのレクチャーにとても時間がかかるのですが、こればかりはお国柄ということで仕方がないのだと思います。普段大学で学生を教えていますから、こういったことには慣れてもいるのです。何人かの記者さんに非常に真摯に取材をしていただいて、記事を配信していただくことができました。その結果、日経新聞や毎日新聞、産経新聞、中日新聞など、多くの新聞が記事を掲載してくれました。紙媒体だと6紙で確認がとれただけでしたが、ネットで調べると、少なくとも40紙がオンラインで記事を掲載してくれたようでした。

そこで残念だったのは、自作のかわいい（笑）イラストがまったく不人気だったことです。記者さんは多くの場合、「カモノハシの写真はありますか?」と聞いてきます。私が撮影した写真をいくつか提供したのですが、それをカラーで紙面に載せてくれた新聞もありました。しかし、「研究内容を解説したかわいいイラストがあるのですが、そちらはいかがですか？」と聞くと、「絵はいいです」という返事が返ってきます。せっかく（私なりに）かわいいイラストを描いたのに、役に立たず残念でした。ちなみにこのカモノハシのイラストは共同研究者にも見せたのですが、「Too fat」と言われました……。

一般向けの記事ではないのですが、もう一つ嬉しかったことがありました。それは、米国のScience誌が研究紹介の記事を写真つきで載せてくれたことです。もともとScience誌に投稿したものの審査で落とされた経緯がありましたが（そして姉妹誌のScience Advances誌に載ることになったのです）、別の編集者さんが気に入ってくれたのでしょう。姉妹誌の記事をピックアップして載せるコーナーではありましたが、写真つきで扱われる記事はわずかですので、少しだけリベンジに成功した気分になりました。

このような取材はしばらく続きました。研究単体ではなく、私自身のインタビュー記事を日本の新聞やアメリカのオンラインメディアが載せてくれたり、カモノハシ研究者としての認知も上がったのか、カモノハシなどに関しての取材や監修依頼が来たりすることも増えたような気がします。幼い頃からずっとカモノハシが好きでしたし、知り合いの中では「カモノハシの人」として知られていましたが、ようやく社会の中で正式に「カモノハシの人」になれたような気がします。

## 研究者として生きることのたいへんさ

このように書き起こしてみると、日々楽しく研究生活を過ごして、一歩一歩カモノハシ道を進んできたように見えるかもしれません。一方で、研究者のくらしは外から見るのとはちがい、なかなかたいへんな日々でもあります。

たとえば、研究者としてのポストを得るための競争は熾烈です。研究成果や社会貢献、教育経験など、評価の項目は全人的にわたり、学会などさまざまな組織への貢献も求められます。研究者は、本当になんでもできなければいけないし、なんでも必死にこなさなければならない仕事でもあるのです。日常業務は多忙を極め、その中で、自分がやろうと志した研究活動を行うための時間をつくるため、日夜必死に仕事をこなしていかないといけません。

研究者にとっての研究テーマは自分の子どものようなものです。その子どもが独り立ちできるまで育てていかないといけません。育てて独り立ちするとは、研究結果が学術界の定説となったり、研究分野が一分野として確立し、ほかの学者が研究に参入したり、研究成果が利用されるサイクルができたりすること、と言い換えることができるでしょう。

そのようになるまでは、自分自身がそのテーマを育てなければ、だれも育ててくれる人はいないのです。ポスト競争が激烈になるのも、自分自身の生み出した研究テーマを守り育てていきたい研究者の思いと関係しているのだろうと思います。こういった状況ですから、研究者は過労死の危険を常に負いながら研究活動をしているのもまた事実なのです。私自身も危ない橋を渡ったこともありますし、身近で命を失った人の話を聞くこともあります。いくら競争が激しくても、現代日本のように大学教員に過大な仕事を課す世の中でなければ、助かった人も多かったのではないかと思います。とはいえ、私自身はこの現実の中に身を置いて生きていく道を選びました。この本は、こういった環境の中で死んでも残せるものを、と思って書いている側面もあるのです。

このように、熱にうなされるように仕事を続ける日々を過ごしてきたために、私自身は、一般的な周辺分野の研究者と比べると、比較的順調にキャリアを歩むことができています。学位を取得して2年で特任教員に、さらにその後2年で私大の専任教員になることができました。これはもちろんそれを目指して戦略的に生きてきたからでもあります。少しでも早く独立して、独自のテーマを自由に推進したかった、という思いが強かったのです。

しかし、命を削って仕事をするこのくらしも、少しずつ変えなければならないのだろうと思います。研究者はその生命をうまく維持して、長期的に学問的業績をつくっていくこともだいじなはずだからです。そしてなにより、このような生活をしなくてもいい環境を次世代の研究者に残すことも、私たちの使命だろうと考えています。そのためにできることからということで、研究者に課せられる仕事のうち、周辺的で不必要な業務を減らせるように、大学や学会のしくみを少しずつ変えるべく、頑張っています。

ところがその一方で、雑多な業務が中央省庁の政策によって増やされてきているのも事実です。国立大学などでは安定的だった予算が、省庁の裁量で配分する予算へと鞍替えされた結果、その予算の獲得や運用、報告のため大学人の時間が費やされることになりましたし、予算が不安定化したために人員も減らさざるを得なくなり、残った研究者への負担が増しています。この国の貴重な資源である専門家の時間が無為に削られる風潮は、どうにかしなければならない問題だと思われます。現状は極めて厳しい状況ではありますが、日本の研究業界が、これから先、少しでもよい方向に向かうことを願っていますし、そうなるように微力ながら努力していくつもりです。

# Chapter 6

# カモノハシの発見と研究の歴史

# 6-1 カモノハシ発見の歴史

## 「発見」ってなんだ？

時折報道で「新種発見」といった科学ニュースが流れることがあります。「発見」と聞くと、科学者が野外に出かけ、未知のものを今まさに見つけた瞬間を思い浮かべるのではないでしょうか。一見すると、華々しいできごとのような印象をもたれる方も多いでしょう。ところが、科学の世界でいう「発見」というのは、地道な検討を繰り返した結果、最後に結論づけられる、どちらかといえば泥臭い営みなのです。

科学の世界において、学問上の「発見」は学術雑誌に論文という形で掲載され、発表されます。そのため、学問上の知見は論文という形で世に出て、論文という形で保存されます。その後、それが読まれることで、以後の科学研究や応用研究へとその知識が利用されていくのです。ある研究論文で先行研究が解明した知見を利用するときはその先行研究を発表した論文を明示し、引用します。

このように、過去の科学研究が明らかにしてきた知見は互いにつながり合い、たくさんの論文が織り物のように知識の体系を構築しているのです。「発見」とは、この体系に新たな論文をつけ加えることにほかなりません。ある新種を「発見」したことを発表する場合も同様です。ただ、動物の分類にはまた特別な決まりごとがあり、とくに新種を「発見」したことを報告する論文を「記載論文」とよびます。

ある科学者が野山に出かけ、今まで知られていない（と思われる）不思議な生き物を見たとします。しかし、それだけで記載論文が書けるわけではありません。つまり、それだけでは学問上の「発見」とはいえないのです。目撃証言だけでは、新種を科学の体系に組み入れるわけにはいかないのです。目撃だけなら、ネッシーもイエティも河童もいることになってしまいます（注：これらの生き物はあくまでも「未だに発見されていない」という扱いであることにご注意ください）。

記載論文においては、まずその種を代表させる「タイプ標本」とよばれる標本の指定が必要になります。タイプ標本を基にして、これと同じ種に属する生き物を新種として名づけます、と主張するのが記載論文なのです。この標本は実際にその生き物がいるという証拠として、またその新種を定義づける標本として博物館に永久に保管されます。

こうしておけば、その後、野山で捕らえられた生き物をその標本と比較することで、すでに知られている生き物なのか、そうでないのかを比較検討することができます。そして、記載論文の中では、新たに記載する新種がこれまで知られている種と異なることをはっきりと明らかにしないといけません。

つまり、近縁と考えられる別種の標本とよく比較検討し、確かに今まで知られている生き物とは異なる新種であるとはっきりさせた後、ようやく発表に至るわけです。このように、新種の発見とは、新たな生き物を見つけることそれ自体よりも、見つけた生き物が「これまでに知られていない新たな生き物であることを研究によって確かにする」過程であるともいえます。そのため、ある生き物が科学者の目に留まってから、新種が発表されるまで何年もかかるというのは普通のことです。そのような営みが繰り返されてきて、現在は、１７０〜１９０万種の生物種が記載されているといわれています。

## 博物学の発展とその歴史

このように生物の新種を記載し、生物の分類体系を構築していく学問を「分類学」とよびます。この分類学は、古くは「博物学」、あるいは「自然史学」とよばれていた学問（英語ではNatural History）の流れをくんでいます。博物学は自然の知見を集積していく学問であり、その源流は古代ギリシアまでさかのぼることができます。

これら「博物学」「自然史学」は、現代でいう数学や物理学に対応する「自然哲学」と対比される学問分野でした。「Natural History（自然史）」という言葉は、古代ローマの博物学者プリニウス（大プリニウス）の大著『Naturalis Historia（博物誌）』にちなみます。これは今でいう百科事典のような書物で、伝説上の存在を含む、さまざまな事物に対する説明がなされていました。プリニウスは1世紀、ポンペイの街を滅ぼしたヴェスヴィオ火山の大噴火により死去しました。つまり、それくらい歴史のある学問なのですが、この学問が興隆し、繁栄するにはそれから１０００年以上待たねばなりません。中世に入っても、古代の博物学の体系は大きな進歩を見せず、たとえば、アリストテレスの『動物誌』やプリニウスの『博物誌』、プリニウスと同時代に生きたディオスコリデスの『薬物誌』といった古い時代の著作が教科書として使われ続けていたのです。

おもにヨーロッパを舞台にした博物学の発展には、その後の歴史的、地政学的な要因が関わってきます。

ようやく博物学が隆盛するのは、いわゆる大航海時代以降のことです。海を渡った船によって世界中の珍しい産物がヨーロッパに集まり、それまで知られていなかった事物が人々の目に入るようになりました。なお、このような交易の進展は、ヨーロッパに限らず、世界各地で見られたものでもありました。

なにはともあれ、多額の費用とリスクを伴う航海によって運ばれてくる品物は当然ながら高価です。そういった珍奇な品物を持っているということは、持ち主の権力と財力を象徴するともいえます。そういった品物を収集した有力者たちは、こぞってそれらを陳列する部屋を自邸につくりました。それが「珍品陳列室」、あるいは「驚異の部屋(Wunderkammer)」とよばれる部屋です。これは博物館の起源ともいわれるもので、珍奇な品物を並べ、来客に見せて自慢することが行われていました。15～17世紀頃の話です。また、物を集めるだけではなにを持っているのか、なんという名前のものなのかがわからなくなってしまいますから、目録も作成します。このような珍品の「蒐集」と「目録作成」から、近代的な分類学は産声を上げるのです。あくまでもモノを集め、保管している、という点、モノからスタートしている点が西洋の博物学の重要な点です。これは次項で言及する、文章や図画による記述に特化してしまった東洋の博物学である「本草学」に対する大きなアドバンテッジでした。

「分類学の父」とよばれるカール・フォン・リンネは、分類学のシステムを構築した人物です。彼はスウェーデン王が収集した膨大

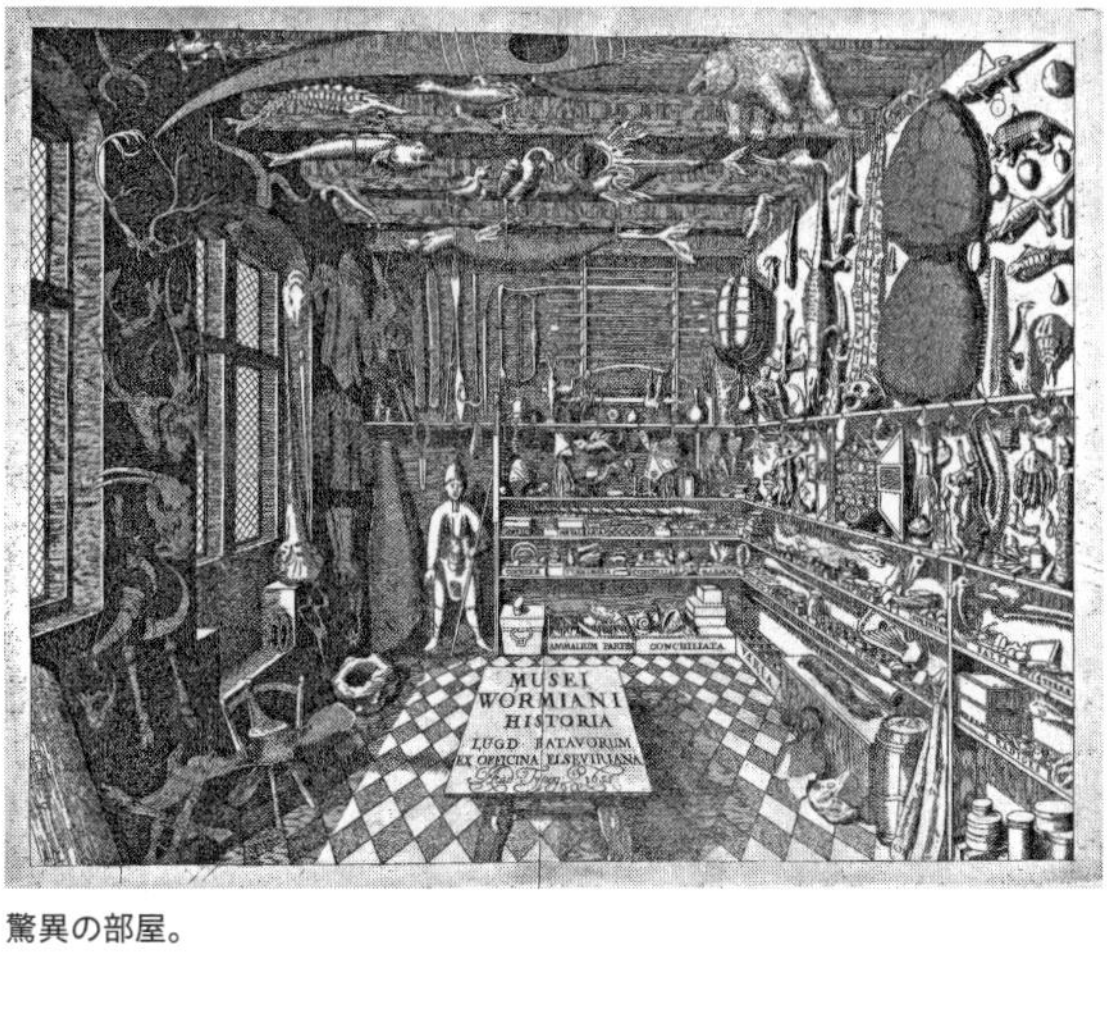

驚異の部屋。

カール・フォン・リンネ。

なコレクションを任され、中でも動植物の標本についてリストアップし、多くの名前をつけました。そして『Systema Naturae（自然の体系）』という分類学書を出版します（１７３５年から版を重ね、内容も改訂されていきます）。この本は、現代における生物の分類学の土台ともいえる本で、現行の生物の分類体系はこのリンネの体系を発展させたものです。また、生物種の名前のつけ方である「二名法」を考案したことでも有名です。現在はこの二名法により、学問上の名前である「学名」が、新たに発見されたすべての生き物に命名されています。わたしたちヒトは *Homo sapiens* という学名をもっていますが、これはリンネが名づけた名前です。

このように、モノを収集し、それを記録することが博物学の根源的な営みでした。そして、分類学もその営みの中から生まれてきたのです。リンネによって分類学のシステムが確立すると、その分類体系に新たな「種」を加えることは、比較的容易にできるようになってきます。こうして、珍しい生き物を見つけ、新種として記載する、博物学的な活動が人々のあいだに広まっていくのです。驚異の部屋の時代には、モノを集め、それを陳列することが、有力者の一つの趣味として成立していました。それが、徐々にいろいろな人々に広まっていったのです。そうした趣味人たちは、珍品を集めたコーヒーハウス（当時流行した喫茶店のようなもの）に集まり、あるいはそこで植物同好会などをつくり、日夜談義に明け暮れたといいます。このような博物趣味の流行は18世紀に最盛期を迎えます。

## 冒険航海と調査

モノが集まれば、そのモノを産する土地への関心も高まるのが当然の摂理です。中でも上流階級の人々は、その財力とコネクションを利用してさまざまな冒険航海を企画したり、あるいはそれに同乗するようになります。18世紀イギリスではそれが顕著でした。

英国王立協会（英国の科学者団体）は、１７６９年に予想された金星の太陽面通過を観測することで、地球と太陽との距離を計測するという計画を立てました。これには南太平洋での観測が必要で、王立協会は国王ジョージ3世に支援を仰ぎ、クック船長率いる軍艦エンデバー号が派遣されることとなります。その航海には同乗者もいました。富豪の植物学者ジョセフ・バンクスが私費で植物学調査隊を編成し、南半球における植物学の調査を行ったのです。バンクスは、その航海で集めたさまざまな標本を研究し、学術界のリーダーとなっていきます。後に彼は王立協会の会長となり、現在に至るまで歴代最長の任期を務めることになります。

時代は下りますが、現代の進化学の祖ともいえるチャールズ・ダーウィンも、軍艦ビーグル号の探検航海に私費で同乗し、その過程でカモノハシを含む多くの標本を集め、進化論への着想を得ます。このような人々が冒険心や探究心に突き動かされ、私費をつぎこんでいった科学研究の成果は、博物学の発展に大いに貢献しました。

このような、どちらかといえば趣味的な背景以外にも、実利が博物学の発展を後押ししたという側面もありました。大航海時代として始まった航路の開拓は、単純な交易から、土地の支配と植民地経営へとシフトしていきます。帝国主義的な植民地政策を背景としたとき、博物学は、植民地としてふさわしい土地や、土地の支配に役立つ情報を集める学問としての側面をもち始めました。どのような産物が得られるのか、どのような狩猟獣がいてなにが栽培できるのか、あるいは疫病はあるのか、過ごしやすい気候か……そのような知見を蓄えるという国家的な意義をもった学問ともなったのです。

　博物学を実利に応用しようとした例として、先ほどの植物学者ジョセフ・バンクスの一つの計画が挙げられます。彼は南太平洋原産の樹木、パンノキに着目し、食糧として植民地に移入することを発案します。これは、植民地に安価な食糧をもたらすという国家的意義のある計画でした。そのために国は商船を買い上げ、軍艦バウンティ号と名づけ、タヒチから西アジアへと苗木を運ばせます。しかし、苗木にふんだんに真水を使う一方、真水を飲むのを制限された水兵が不満を募らせ、ついには反乱を起こし、船長以下、上級士官を救命艇に追い出して船を乗っとってしまいました。軍艦バウンティ号の反乱とよばれる事件です。反乱を起こした水兵たちは無人島でくらすことになり、そこでさまざまな逸話が生まれたのですが、それはまた別のお話。結局バウンティ号による輸送は失敗に終わります。後に別の船で輸送に成功し、西インド諸島ではパンノキが栽培されるようになりました。このように博物学の繁栄は植民地主義の副産物でもありました。

　植民地主義と相互に関連して博物学が発展するようになると、それまで個人コレクションとして蓄積されていた博物学標本を、国家的な機関が収集・保管するようになり、国立の自然史博物館が各地に建設されていきます。１７９３年、フランスのパリに国立自然史博物館が設立されました。英国でもロンドンに１７５９年に大英博物館の一部門として成立していた自然史博物館が１８８１年に独立しています。このように列強諸国は、次々に国立の自然史博物館を設立したのです。

筆者も研究のため、世界各地の博物館で動物標本の調査を行いますが、欧米の博物館は、標本の質・量ともに圧倒しています。これには前述のような歴史的背景も影響しているのです。なお、主要国としては珍しいことですが、日本には独立した国立の自然史博物館がありません。国立科学博物館（前身の教育博物館が１８７７年設立）が実質的に自然史博物館の役割を兼任しています。また、いくつかの戦前から続く博物館もあります。筆者が研究に使った日本国内の標本コレクションの中には、１９３０年代に「満州国」で収集された標本もありました。日本も欧米列強に続き、国家的に重要な地域の標本を収集していたのです。

## 6-2 東洋の博物学

### 本草学

ここまで述べてきたような西欧に伝統をもつ博物学や分類学のほかに、東洋にもそれに相当した学問がありました。それが「本草学」です。本草学はもともと薬草学であり、薬としての有用性に基づいて自然物が分類され、体系化されました。それが拡大し、博物学としての体裁を整えていったのです。本草学の文献は後漢の時代から知られていますが、薬草学を元としていたため、長らくは自然界の事物を網羅したものではありませんでした。

なお、本草学とは異なる系譜として、博物学的な書物である『博物志』が西晋の政治家、張華によって記されています。『博物志』には体に開いた穴の数で、卵を産む動物か、子どもを産む動物かが判別できると書いてあります。これには現代の知見からすると多くの例外もありますが、博物志を手にカモノハシを見ると、カモノハシが卵を産む生き物であるということが予測できます。とはいえ、東洋においては「博物学」の発展は相対的に遅かったといえます。

本草学が、なんでも記述する「博物学」の様相を呈するのは明代の李時珍が著した『本草綱目』からです。この『本草綱目』は日本にもすぐに輸入され、日本中で読まれるようになります。その後、日本でも独自の本草書が記述され、西欧における博物趣味の流行と時を同じくして、大名から庶民まで、日本中で博物

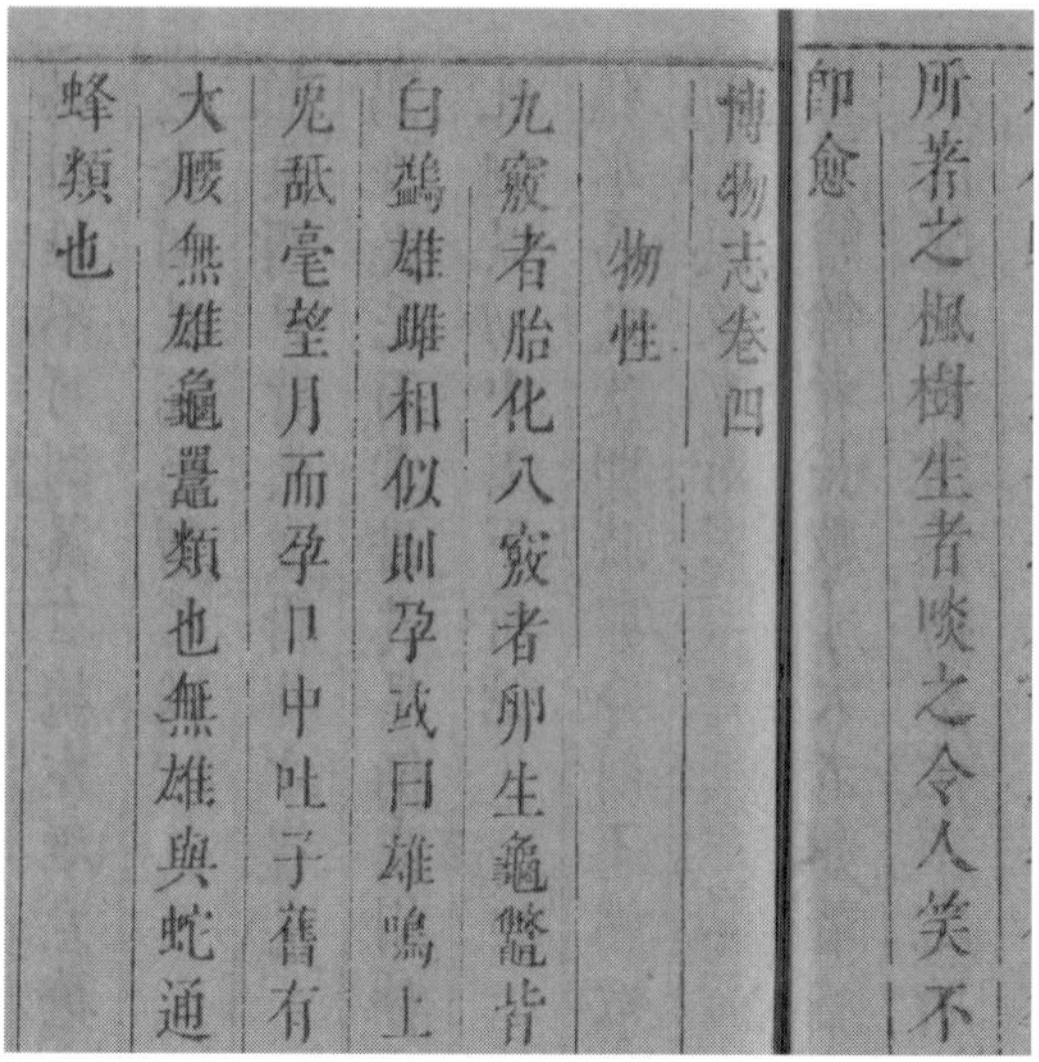
所著之楓樹生者啖之令人笑不
卽愈
博物志巻四
物性
九竅者胎化八竅者卵生龜鼈皆
白鶂雄雌相似則孕或曰雄鳴上
兎舐毫望月而孕口中吐子舊有
大腰無雄龜鼉類也無雄與蛇通
蜂類也

『博物志 巻之四』九竅は哺乳類の体にある、口、目、鼻、耳、外尿道口、肛門の９つの穴のこと。穴が９つあるものは胎生で、８つのものは卵生とあります（提供：国立国会図書館デジタルコレクション）。

趣味が広まります。ロンドンで珍しい物品を展示したコーヒーハウスが流行していたころ、江戸では「珍物茶屋」と称して珍しい品々を展示して客寄せをする茶店が流行っていたのです。同時代に独立に、博物趣味の流行が起こったのは、たいへんにおもしろいことです。

さて、博物学と本草学のちがいとして、博物学、そして分類学がもともとモノの収集と目録づくりから発展したのに対し、本草学は薬草学から発展した点は注目すべきところです。薬草は使われてなくなるものですから、博物学と異なり、蒐集し、保存する対象としてのモノ自体へのこだわりは比較的薄かったようで、あくまでも書物に書かれた説明文や、図画として、情報が蓄積されるのみでした。

そのため、現代に生きる我々が本草学を見たとき、いくつかの問題が生じています。モノという実体がないので、昔の本草書で扱われている動植物がなにに相当するのか、今となっては判別が難しい例が多いのです。私も少し研究したことなのですが、江戸時代のいくつかの本草書を読み解くと、たとえば「たぬき」や「むじな」といった単語が書物によって異なる動物を指していると考えられるなど、本草書のあいだでも混乱が見られます。本草学においては、タイプ標本を用いるような近代的な分類学のシステムが発展する土壌は薄かったのです。

一方で、博物学・分類学においては過去の研究論文に扱われた標本が保管されていることが多いですから、何百年経っても過去の研究論文の検証が可能です。たとえば、リンネが『Systema Naturae 第10版』（１７５８年）でアジアゾウの記載に用いた標本がアフリカゾウであることが、２０１３年にＤＮＡの塩基配列を用いた研究で判明しました。この研究の結果、タイプ標本をリンネの用いたほかの標本に設定しなおすという措置がとられました。標本からＤＮＡを採取するということは、リンネ自身は思いもかけなかった手法でしょう。しかし、その手法によって、リンネの研究から２５０年以上も後に、その研究を検証し、訂正することができたのです。このようなことが可能になったのは、標本というモノが残っているからこそです。現代の社会では、情報はなんでも電子化して残せばよいという風潮もあるように感じますが、情報の源となった現実のモノが残ることで、その時点では想像できなかったような情報が、将来抽出できる可能性があるということは意識しておくべきでしょう。

　江戸時代の博物趣味全盛期には、数多くの本草書や図画が記されました。しかし、江戸時代も後期になると西洋の学問が輸入されるようになってきます。本草学の文献にリンネ式の学名を記述することも行われましたが、本草学の体系にはシステム上の不備もありましたし、西洋の分類学には情報の蓄積と精度の点で一日の長があり、本草学を基軸としての体系化には限界がありました。

　明治時代に入ると、日本は国を挙げて西洋の学問をとり入れるようになります。その結果、現在の日本の生物学は直接的には西洋の博物学の系譜を受け継いでいます。日本の動植物の分類に関しても、おもに江戸時代後期にオランダの学者が研究し、新種として記載した記録が基本となっています。そのため、日本にすむ固有種を定義づけるタイプ標本はヨーロッパにあるのです。

　江戸時代に流行した本草学は、現在の生物学を直接生み出したわけではないですが、本草学が育んだ土壌は明治時代以降、日本での生物学の発展に貢献したのはまちがいないでしょう。そして、今に残る本草書や図画は、その時代の自然物の認識や、動物の分布の変化、動物名の変遷が記録されているという、非常に興味深い情報を私たちにもたらしてくれます。そのため、当時の書物は現代の生物学者にとっても、貴重な研究資料になっています。

## 6-3 カモノハシの博物学

### オーストラリア先住民のカモノハシに関する知見

ここまでお話ししてきた博物学や本草学以外にも、世界中のどのような民族も、自然界を認識し、分類する体系をもっていたのはまちがいありません。自然界の事物を認識していなければ、なにが食べられる植物なのか、どれがおいしい獲物か、目の前の動物は危険な動物なのか、そういったことがわからないためです。

カモノハシを最初に見た人類が誰だったのか。それはいうまでもなく、オーストラリア先住民（アボリジニ）の人々です。彼らの祖先は進んだ航海技術をもっていたようで、数万年前にアフリカを出た人類の中で、唯一海を渡ってオーストラリアへとたどり着くことに成功しました。そこでカモノハシやハリモグラとともに数万年間ともにくらしたわけです。

彼らのカモノハシに関する知識は、現在の分類学の体系には含まれません。しかし彼らはちゃんとカモノハシにも名前をつけています。地方によって異なるようですが、「Mallangong」や「Mallunggang」、「Tambreet」、「Billadurong」といった単語が伝わっています。ほかにも、彼らのカモノハシや単孔類に関する知識がいくらか伝わっています。

まずは実用性を意識した、食べられるかどうかの知識です。遺跡から出土した動物遺骸や言い伝えからカモノハシを食用にしていたことは確かなようですが、カモノハシは臭みがあるため、そこまで好んで食用にしなかったようです。カモノハシを殺すことはタブーとされていた、という話もありますので、地域によってはそのような傾向があったのかもしれません。その一方、ハリモグラは美味であるとされ、好んで食されていたようです。ハリモグラは度々手に入るものではないため、子どもたちにはハリモグラを食べると白髪になると教えて食べさせないで、大人たちだけでおいしくいただくという伝統も一部であったようです。

このような実用的な事柄以外にも、創世神話にカモノハシが出てきます。化石カモノハシのところ（↓106ページ）でもお話ししましたが、齧歯類のミズネズミと鳥類のカモのあいだの子としてカモノハシが誕生したという神話があります。先住民の昔話には、ほかにもカモノハシの分類に関する議論のようなものもあります。遠い昔、動物（陸棲哺乳類）や鳥、水の生き物たちが、カモノハシに自分たちのなかまに属すよう誘ったのですが、カモノハシはどこにも属さないことを決めます。これはニュー・サウス・ウェールズ州沿岸部に伝わる話のようですが、この話を伝える人々は、カモノハシは特別な存在であり、カモノハシを狩ることはしないそうです。

ミズネズミとカモの伝説もそうですが、こういったお話があるということ自体が、先住民もカモノハシを不思議な生き物だと感じていたことを意味するのでしょう。また先住民のあいだでも、動物（哺乳類）、鳥、水の生き物といった生き物の区分がなされていたことが示唆されます。こういった先住民の知識は貴重なものですが、やはり体系化の手法が現在の分類学とは異なりますので、分類学におけるカモノハシの発見はまだもう少し後の話になります。

## オーストラリアへの上陸

　オーストラリア大陸の存在を初めて知ったヨーロッパ人は、オランダ人であったようです。しかし、カモノハシのすむ東海岸に初めて上陸し、領有権を主張したのは、先ほどお話ししたクック船長率いる英国軍艦エンデバー号とその一行でした。１７７０年、彼らは南太平洋での天体観測の帰路にオーストラリア東海岸のシドニー近郊に上陸します。同行していた植物学者ジョセフ・バンクスも上陸し、オーストラリアの動植物相の調査をしています。彼らの上陸した地点は植物が豊富で、植物学湾（ボタニー湾：Botany Bay）と名づけられ、現在もその地名が残っています。

　その後しばらくはオーストラリアの地が注目されることはなかったのですが、１７７５年から83年にかけてのアメリカ独立戦争を経て、アメリカが独立すると、イギリス本国は新たな植民地を求めるようになります。アフリカやカナダといった土地も候補に挙がりましたが、疫病の存在や寒冷な気候が問題とされました。

　一方、クック隊が上陸したシドニー近郊は、温暖で作物の栽培に適し、自給自足が可能な土地であろう

オーストラリアにたどりついたエンデバー号。

ことが記録されていました。その結果、新たな植民地として、オーストラリアに白羽の矢が立ちます。1783年のパリ条約でアメリカの独立を承認してから5年後の1788年、イギリス政府はオーストラリアの領有を正式に宣言し、移民を開始します。博物学の活動の結果として、オーストラリアはイギリスの新たな植民地として開発されることになりました。

## カモノハシ発見！

博物学の記録に残る最初のカモノハシは、※1798年にシドニー近郊のハークスベリー川付近の湖で捕らえられたものです。シドニーに赴任した植民地の第二代総督のジョン・ハンターは博物学に造詣が深く、先住民の人々がいう、その「小さな水陸両棲のモグラのなかま」の標本をイギリス本国の学者の元へ送ることにしました。当時は博物趣味の流行の余波で、このように博物学の活動に理解のある人々がさまざまな分野にいたのです。カモノハシ初の標本は1799年に英国ニューキャッスルの学会に届きます。

早速、解剖学者ジョージ・ショーはその標本を調査します。当時は中国などから人魚のミイラと称してサルと魚の体を縫いつけたまがいものの標本が入ってくるといったこともあったようで、彼は最初、カモノハシの標本が鳥のくちばしと哺乳類の体を縫い合わせてつくられた偽物だと思ったといわれています。そして、くちばしにはさみを入れて外そうと試みたと言われていますが、実際のところはわかりません。

ジョセフ・バンクス。

＊捕獲自体は1797年の可能性があり、ハンターがカモノハシを観察した絵が1797年11月の記録として載せられている文献があります。一方、ハンターはイギリスに送るカモノハシ標本に手紙を添付しましたが、それは1798年8月10日付けです。

今も残るその標本の写真を見ると、心なしかくちばしがとれかけているようにも見えますが……。最終的に彼はそれが実在の動物であると理解し、学名 *Platypus anatinus* と命名し、論文を発表しました。*Platypus* とはラテン語で平たい足という意味で、*anatinus* とはカモのような、という意味です。

１７９９年にこの論文が発表されたことで、カモノハシは分類学における公式の存在となりました。翌年にはイギリス屈指の博物学者となっていたジョセフ・バンクスの元にハンターから２体目の標本が届き、標本がまがいものであるとの疑いは完全に晴れます。

バンクスは、ドイツ人学者のブリューメンバッハと書簡をやりとりしていました。ブリューメンバッハはカモノハシに *Ornithorhynchus paradoxus* と名づけることを提案しています。鳥のようなくちばしをもつ、つじつまのあわないもの、という意味です。ブリューメンバッハは１８００年に論文を発表しています。そのほか、ブリューメンバッハのつけた名前を使って、ハンターの情報をもとに１８０２年にデビッド・コリンズという人が『New South Wales』という本の中で版画の絵つきでカモノハシを紹介しています。

ジョージ・ショーの元に届いた標本や、ハンターのスケッチを基に描いたカモノハシの博物画（1799）。

生き物の学名は基本的に先につけられた名前が優先される決まりになっています。そのため、ジョージ・ショーが名づけた *Platypus anatinus* がカモノハシの正式な学名となるはずでした。しかし、学名も人間が名づけるものですから、どうしても重複が出てきます。ある動物の学名として提案された名前が、すでに別の動物を指す名前として使われてしまっていることがよくあるのです。カモノハシに関しても、*Platypus* の名前は、1793年にすでにある昆虫の学名に使われていたことが判明しました。そのため、カモノハシの学名のうち、属名はブリューメンバッハの提案した *Ornithorhynchus* が有効なものとなり、カモノハシの学名は *Ornithorhynchus anatinus* となっています。

ちなみに、第5章でも触れましたが、カモノハシに関する最初の出版物は、ジョージ・ショーの記載論文ではない可能性があります。というのも、1798年刊行とあるドイツで出版された子ども向けの百科事典の中にカモノハシの図解が載っているのです。そこにはブリューメンバッハの名づけた *Ornithorhynchus paradoxus* との学名が載っており、ブリューメンバッハは自身の論文よりも古くにカモノハシの分類を試みていたようです。このことは、私がドイツの雑誌から研究内容の取材を受けている最中に知りました。そのときの相手は博士号ももっている記者さんでしたが、優秀な記者さんとやりとりすると、取材される側もいろいろな情報が得られるのだなと感心したものです。

## カモノハシに関する初期の論争

標本がヨーロッパに伝わってから、*paradoxus*（つじつまのあわないもの）とまで名づけられたくらい、カモノハシはへんてこな生き物として人々の関心を引きました。まず問題となったのは、この動物がはたして哺乳類なのか、爬虫類なのか、それとも不思議なくちばしが示すように、鳥類なのかということでした。

この疑問を解くため、バンクスは2体目の標本をエヴァラード・ホームという学者に送り、詳細に調査させることにしました。ホームは国王の主治医を務めるほどの優秀な外科医であり、解剖学者でもありました。ホームはくちばしを詳細に観察し、カモノハシの場合は中に骨があり、鳥のくちばしとは異なる構造であることを示しました。鳥との類似はあくまで表面的なものであることを明らかにしたのです。

その後、シドニーから任期を終えて帰ってきたハンターは雌雄のカモノハシ標本を持参しました。ホームはそれらの標本も調査し、１８０２年に2本の論文を出版します。その論文によって、カモノハシがオスもメスも総排出孔を1つだけもつという、卵胎生のトカゲそっくりの特徴をもつことが明らかにされました。総排出孔とは、肛門や、尿を出す穴、産卵する穴が体の中で合流する構造です。これらの穴は哺乳類では一般的に分かれているのに対し、爬虫類や鳥類、両生類では総排出孔として1つにまとまっています。これは単孔類という語の由来でもあり、カモノハシが原始的な特徴をもっていることを意味するものでもありました。

ホームはこのほかにも、カモノハシの下顎が1つの骨で構成され、中耳が完全に哺乳類型であることも報告しています。爬虫類では下顎が複数の骨で構成されていますが、哺乳類では後方の骨が下顎を離れ、中耳で音を伝える耳小骨という骨に変化しています。カモノハシはその点において哺乳類の特徴をもっていたということです。ホームの解剖の結果、骨盤に前恥骨（有袋類など比較的原始的な哺乳類に見られる）をもつことや、くちばしに伸びる神経、三叉神経が発達していることも明らかになりました。この三叉神経の発達という特徴から、ホームはカモノハシがくちばしを鋭敏な感覚器官として利用しているのではないかという説を表明しています。くちばしの感覚については後の時代、行動観察を行うことで明らかになることなのですが、このような事実がカモノハシ研究の最初期に、メスやハサミ、ピンセットだけを用いた古典的な解剖学で突き止められたことは特筆すべきことです。

さて、ホームの解剖により、カモノハシは総排出孔をもつという爬虫類のような特徴がある一方、下顎は哺乳類の構成をしている不思議な生き物ということがわかりました。ホームは論文で、カモノハシは爬虫類と哺乳類の特徴を併せもっていることから、陸上脊椎動物（四足動物）の中で、哺乳類ではなく、新しく哺乳類と爬虫類の中間的な分類群に分類すべきかもしれないといっています。

のちにフランスのラマルクも似た見解を示しており、カモノハシは哺乳類でも爬虫類でもない分類群として区分しています。一方で、ショーやブリューメンバッハ、フランスの解剖学者キュヴィエは原始的な哺乳類であると考えたようです。

この時点では、哺乳類の最大の特徴であり、名前の由来でもある哺乳に必要な器官はまだ発見されていませんでした。カモノハシには乳頭はありませんから、標本を一瞥しただけでは授乳を行う動物には見えません。乳腺はカモノハシにもあるのですが、残念ながら当時の解剖学者が調査できた標本の保存状態はそこまでよくなく、エヴァラード・ホームの詳細な解剖にも関わらず発見されることはありませんでした。

このカモノハシの発見は学界にセンセーションを巻き起こしました。総排出孔をもつという解剖学的な特徴から、カモノハシが卵を産むのではないかということが提示されたわけです。カモノハシのように毛皮をもち、哺乳類と思しき姿の生き物が卵を産むという事例は、それまで知られていませんでした。カモノハシが卵生なのかという疑問は、大きな謎として学者たちの関心を集めることになったのです。

この問題は大きな論争となりましたので、バンクスは私費を投じてオーストラリアに派遣していた植物収集人のジョージ・カレーにカモノハシや、同じく単孔類としての特徴をもつことが再認識されたハリモグラの標本の調査を命じました。カレーは先住民から聞きとり調査を行い、カモノハシが長いトンネルを掘り、卵を産むという証言を得、１８０３年にバンクスに手紙を送っています。しかし、卵を産む瞬間を観察することはなかなかできませんでした。

もう一つの謎であった、カモノハシが授乳するかどうかについても、解剖学から次なる成果が挙がります。１８２６年にドイツの解剖学者メッケルが状態のよい標本を入手し、腹部にある乳腺を見つけたのです。これにはフランス人学者ジョフロア・サンティレールから反論が出され、乳房がないことや、卵生の可能性が高いという解剖学的知見から、それが本当に乳腺かどうか疑わしいとされました。しかし、１８３２年に事故で死亡したカモノハシの腹部からミルクがにじみ出ているのが観察され、さらに１８３４年にはイギリスの学者リチャード・オーウェン（「恐竜」という名前の命名者でもあります）が幼体のカモノハシ標本の胃袋から母乳を発見し、カモノハシの授乳は確実視されるようになります。

哺乳するという事実が明らかになっていくにつれて、カモノハシは哺乳をするにも関わらず卵生なのかという、さらなる疑問が生じました。一部の博物学者はカモノハシが卵胎生ではないかと考えました。たとえば、オーストラリアで調査していたジョン・グールドは１８４５年から63年にかけて出版された自著の中でカモノハシ卵胎生説を唱えています。卵胎生とはトカゲなどの一部で見られる、卵をおなかの中で孵化して、最終的に胎児を産み落とす形態です。このほかにも、さまざまな説や新証拠が次から次へと出てきて論争を闘わせることが続きました。それはカモノハシへの注目ぶりを示すともいえるでしょう。

このように大きな論争を巻き起こしたテーマでしたが、単孔類が卵を産むという確かな証拠が得られ、論争に終止符が打たれるには、その後50年を待たねばなりませんでした。１８８４年、単孔類の繁殖を調査するため、発生学者カルドウェルは、ケンブリッジ大学からオーストラリアへとやってきました。その年の8月、彼はハリモグラがおなかの袋から卵を落とすのを発見します。また2週間後には、卵を１つ産んだカモノハシが体内に2つ目の卵をもっていることを発見します。彼は、ちょうどカナダのモントリオールで開催中だった学会に電信を送り、その事実を発表しました。当時電報は最新のテクノロジーでしたので、電報で重要な情報が学会発表されたことは語り草になったそうです。

カルドウェルはこの発見を１８８７年に論文として正式に発表しています。ついにカモノハシが卵生かどうかという、長い論争に終止符が打たれました。ヨーロッパ人が初めてカモノハシを捕らえてから、90年もの時が過ぎていました。現在では、カモノハシの特徴といえば「卵を産み、母乳で子どもを育てる哺乳類」となかば枕詞のように表現されますが、それらの事実が確認されるには長い時間がかかったのです。

## 6-4 進化という考え方の歴史とカモノハシの影響

### 古来からの自然観と古典的な進化理論

カモノハシは発見されたときからセンセーショナルにとり扱われる一方で、多くの学者にインスピレーションを与えてきました。哺乳類らしい特徴と爬虫類らしい特徴を混在させたカモノハシは、明確に区分けできると考えられていた生物の分類体系に一石を投じ、分類という存在が安定したものでないかもしれないという疑念を人々に抱かせたのです。科学の歴史において、カモノハシの存在は「進化」という考え方が発達する過程それ自体にも影響を与えたといっても過言ではないのです。

まず、進化という考え方が歴史的にどのように発展してきたかを考えてみたいと思います。古来から、自然界の事物は、一定の序列を想定し、その中に当てはめる形で認識されることが行われてきました。たとえば、アリストテレスは鉱物、植物、動物、人間の順に体が複雑化していくという認識をもっていました。こういった考えは「自然の階梯」とよばれるものです。その後、キリスト教の影響が強まった中世ヨーロッパでは、鉱物から植物、動物、人間、そして天使や神へと至る、序列をもった階段状の並びが自然界にあると認識されるようになりました。そして、キリスト教の影響の強い地域では、これらは神が天地創造の際に創造した、不変な存在であると考えられていました。さらには生命の秩序だった多様性は、創造主の存在を証明するものであるとも考えられました。そこで生物の多様性を研究することは、天地創造の秘密を解き明かす学問、「自然神学」として、奨励されるようにもなったのです。その結果、キリスト教圏では神学と近いところで生物学が発展しました。

そういった環境の中で、生物の分類体系を完成させたリンネは生まれました。彼は18世紀に活躍したスウェーデンの生物学者ですが、もともとは聖職者の家系の生まれでした。リンネがつくった生物の高次分類は、入れ子状の構造をもっています。大きな分類単位の中に小さな分類単位がいくつか含まれる構造です。そして、このような大きな構造は、神がつくった不変なものと認識されていました。

一方で、少なくとも非常に近縁な分類群では、過去に共通の祖先があり、そこから世代を経て多様化したのではないか、という人も現れました。リンネと同時代に活躍したフランスの博物学者ビュフォンは、トラやネコなど、現在ネコ科とされているグループは、共通の祖先から分かれたのではないかという可能性を示唆しました。

このように分化と多様化という歴史を少しでも想起できたにも関わらず、それを生物界全体に広げることができなかったのは、地球の歴史がそれほど古くないと考えられていたことも原因の一つです。たとえば、聖書の記述をそのまま信じて、登場人物の生存年数などから計算すると、地球の誕生は紀元前４０００年くらいになるそうです。しかし、このような認識は、地質学の知見が発展するにしたがって変化していきます。

地球の年齢を求めるため、ビュフォンはある実験を行っています。ビュフォンは伯爵で、広い領地をもっていましたが、その中の製鉄所で大きな鉄球を赤熱させ、それが冷えるまでの時間を計測しました。当時地球は赤熱した状態から現在の温度まで下がってきた歴史をもっていたと考えられており、それを模したのです。これはある意味で正しいのですが、ビュフォンの計算では地球の歴史は7万５０００年くらいとなってしまいました。現在地球の歴史が46億年と考えられているのと比べると、ずいぶん短い時間です。これには放射性同位体という、熱を出して崩壊する原子の存在が当時は知られていなかったのが理由の一つです。それでも、研究が進むにつれて、地球の推定年齢は徐々に延びていきました。

さて、そのような中、カモノハシが発見されます。１７９９年のことです。毛皮をもつ一方で、総排出孔１つをもつといった、哺乳類と爬虫類の中間にあるかのような生物の存在は、それまでの神がつくった「（少なくとも爬虫類や哺乳類といった大きな分類に関しては）きれいに分かれる」はずだった分類体系というものに若干の疑問を抱かせることになったでしょう。

分類群といったものは神がつくったもので、それぞれが明確に区別できる、安定した不変の存在であるはずでした。この考えは敬虔な心をもって分類を行った分類学の父リンネ以来の伝統といってもよいのではないでしょうか（もう少し付記すると、リンネはヒトをサルの仲間と併せて霊長類としてまとめる程度のことはしており、当時の社会的要請と学者としての判断のあいだにいくらかの歩み寄りとカモフラージュが必要であった可能性もあります）。しかし、生物に関する知識が増大するにつれ、カモノハシほどではないにせよ、いくつかの分類群に対して中間的な特徴をもった存在がいるということが明らかになってきます。その結果、生き物が安定した不変の存在ではなく、変化するものであるとする考え方が生まれました。この考え方は進化思想とよばれ、古代にもあったものでしたが、そのメカニズムの理論化は長らく行われてきませんでした。

　カモノハシの発見から10年後の１８０９年に、古典的な進化理論として知られるラマルクの進化理論が出版されます。彼の著になる『動物哲学』に記されたこの進化理論には、古来からの自然観である「自然の階梯」の影響が見てとれます。彼の進化理論は「用不用説（よく使う器官は発達する）」、獲得形質の遺伝（親の世代で発達した器官の特徴は受け継がれる）という部分に光が当たりがちですが、彼の理論の根幹は、生命が次から次へと自然発生すること、そして自然発生した生命はそれぞれの系譜をたどるうちに徐々に複雑化していくという2点でした。そして古くに自然発生した生命体の系譜を受け継ぐ生命は、より複雑な生命へと（用不用と獲得形質の遺伝のメカニズムによって）進化しており、一方で最近に自然発生した生命はいまだに単純な生物に留まっている、という認識だったのです。

　現在は誤りと考えられているこの説ですが、生物が時間とともに変化するという考えを提示した意味で、生物学の歴史上で重要なものといえます。ちなみにラマルクも『動物哲学』でカモノハシについて言及しており、その特徴から哺乳類でも爬虫類でもない生き物であるとしています。

## ダーウィンとカモノハシ

ラマルクの考えは、現代ではまちがいとされています。彼の理論が成り立つためには、自然発生と獲得形質の遺伝という、現実には起こらないできごとを想定しなければならないからです（注：最新の研究によれば、部分的、限定的には起こり得るものではありますが、ラマルクが理論の支柱にしたほどには起こり得ないものです）。

ラマルクの『動物哲学』からほぼ50年経って、現代でも通用する進化理論が初めて提唱されます。それを行った人物は、チャールズ・ダーウィンです。彼が自然選択説とよばれる進化理論を発表したのは1858年の論文（別の博物学者ウォレスと同時）と1859年の著書『種の起源』でのことでした。

このような着想をもたらした背景の一つは、彼が若いころに随行したビーグル号の航海（1831〜1836）でした。彼はその航海の途上、シドニー近郊でカモノハシを観察し、捕らえてもいます。1836年のことです。彼はその記録を詳細にノートに記しており、爬虫類的な特

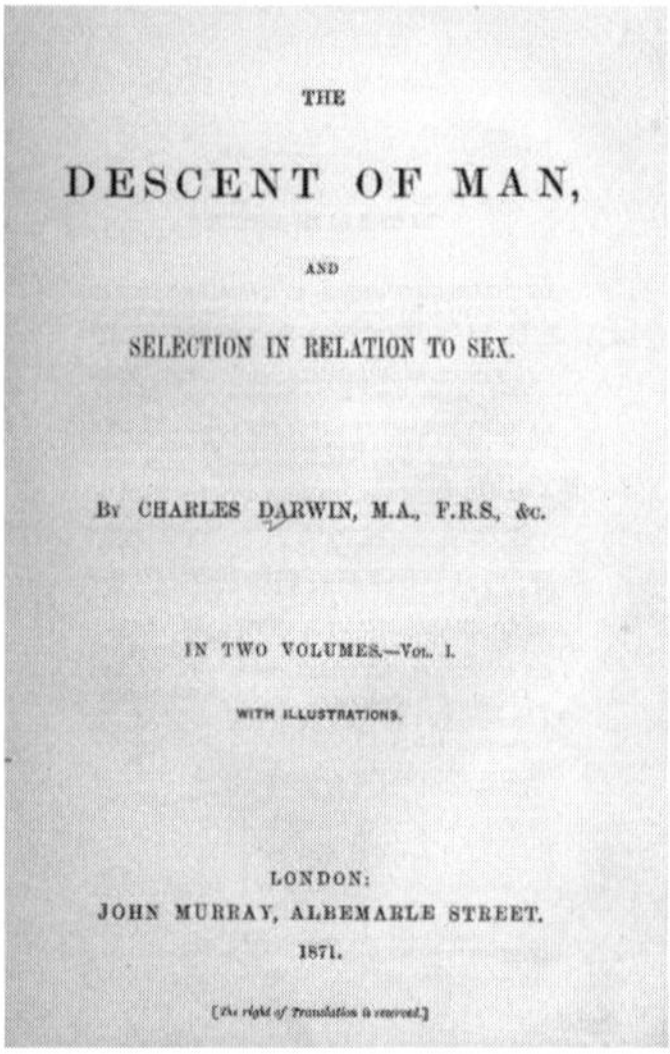

THE

DESCENT OF MAN,

AND

SELECTION IN RELATION TO SEX.

By CHARLES DARWIN, M.A., F.R.S., &c.

IN TWO VOLUMES.—Vol. I.

WITH ILLUSTRATIONS.

LONDON:
JOHN MURRAY, ALBEMARLE STREET.
1871.

[The right of Translation is reserved.]

”The descent of man, and selection in relation to sex” 初版本の扉。

徴と哺乳類的な特徴を併せもった動物である旨、書きつづっています。この経験が彼の進化理論の発想に貢献したことはまちがいないでしょう。『種の起源』では植物の変種や家畜の品種改良を例に挙げて進化を論じていますが、後に著す『The descent of man, and selection in relation to sex（人間の進化と性淘汰）』（１８７１年）ではカモノハシも例に挙げて自然選択や、異なる分類群をつなぐ「鎖」について論じています。

　ダーウィンも魅了した、爬虫類と哺乳類の特徴を併せもつカモノハシですが、どうしてそのような中間的な特徴をもつようになったのかは、『種の起源』ですでに示唆されていました。『種の起源』では生物の変異と、変異に対する自然選択について論じていますが、巻末の図として現代の系統樹のようなものが描かれており、ダーウィンは自然選択の結果として種の変化と、分岐による多様化までを想定していたようです。このような分岐による多様化はカモノハシがなぜ爬虫類と哺乳類の中間的な特徴をもつのかをも説明できるものになります。

　つまり、爬虫類のような特徴をもった生物から哺乳類が進化する過程で、哺乳類らしい特徴は段階的に獲得されていきました。カモノハシはその途中で分岐し、別の進化の道筋を歩んだ、という解釈です。つまり、私たちが哺乳類の特徴と考えている形質のうちの一部は、私たちとカモノハシとの共通祖先の段階で獲得されましたが、一部はそれ以降に獲得されました。

　このことは本書でもお話ししてきた通りですが、このようなことを人類が理解するようになるまでは、科学におけるさまざまな分野の進展が必要であり、また、そこにはカモノハシの存在も少なからず貢献していたのです。

# 6-5 戦争＆国際社会とカモノハシ

## フランス革命とナポレオン戦争の時代

イギリスの科学者によってカモノハシが初めて記載されたのが１７９９年のことです。このカモノハシ発見とその初期の研究が行われた当時の社会情勢を振り返ってみましょう。じつは、この時期、ヨーロッパでは戦争が繰り返されていました。フランス革命戦争（１７９２〜１８０２）と、それに続くナポレオン戦争（１８０３〜１８１５）がヨーロッパ全土を混乱に巻きこんだのです。

具体的には、シドニー近郊で最初のカモノハシが捕まり、イギリス本国に輸送されていたとき、ナポレオンはエジプトに遠征し、ネルソン率いる英海軍とフランス艦隊の戦闘が行われていました。ジョージ・ショーがカモノハシの記載論文を書いていた時期、イタリアではフランス軍と対仏同盟（イギリスを含む）の連合軍が戦闘を繰り返していました。戦争という時代の中で、科学者たちは研究を続けていたのです。この混乱期にカモノハシという動物が発見され、そして先述したように、90年かけて、カモノハシが卵を産み、母乳で子どもを育てる哺乳類であることが明らかになりました。90年とは長い時間のように感じますが、戦時下においても研究を滞りなく続けた科学者たちがいなければ、それが明かされるまでには、さらなる時間を要したのでしょう。

さて、カモノハシ研究の端緒を開いたイギリスから、場所は変わってフランスのお話です。動乱は一般に社会の進歩を妨げることが多いもので、フランス革命でも多くの知識人が処刑されるなど、科学界に大きな影響をもたらしました。著名な化学者ラボアジェは、本業であった徴税請負人という職を咎められ、断頭台に上ることになります。しかし、このような動乱期に、偶然が重なってある分野が興隆することがあるのです。フランスでは、このフランス革命の影響で１つの博物館が誕生するとともに、自然史学の発展が巻き起こることになりました。

古代ギリシャにおいて、自然科学は「自然哲学」と「自然史学（博物学）」に大別されていました。今の学問分野で言えば、自然哲学は数学や物理学など、一般法則を突き詰めていく学問を示します。一方、自然史学は生物学や地質学など、個物の記載と情報の集積を目指す学問を示します。これらのうち、自然哲学は理解が難しく、どちらかといえば貴族的、特権階級的な学問であると考えられていました。それに対して自然史学は博物趣味の普及を見てもわかる通り、どちらかといえば庶民的な学問と考えられていたようです。そのため、フランス革命のときに、貴族的な自然哲学は排斥された一方、自然史学への支援を国家として拡大すべきという気運が生じました。

そのような中で誕生したのがパリの国立自然史博物館です。それは１７９３年のことでした。国立自然史博物館はもともと王立植物園だったものを改組してできたものです。王立植物園はフランス博物学の本拠地でもあり、著名な博物学者であるビュフォン伯爵が長年園長として君臨していました。ちなみにビュフォン伯爵は革命の数年前に亡くなっていたため災厄をまぬがれましたが、その嗣子は革命の最中に処刑されています。そのような血なまぐさい歴史のうねりの中で、13の教授ポストをもち、コレクションを一般公開する一大研究機関が誕生したのでした。ここには独自の進化論を唱えたラマルクや、解剖学者のキュヴィエなどが在籍し、生物学の発展に大きく貢献する組織へと成長していくこととなります。

## フランス隊のカモノハシ探索

フランス革命を機運に、ナポレオンが台頭していきます。フランス革命の最後の当たりくじを引いたと言われる彼は、自らの威信と名声の獲得に学術が役立つことを理解していました。たとえば、１７９８年のエジプト遠征の際には学術調査隊を引き連れ、エジプト考古学の調査を行わせました。その過程で発見されたロゼッタ・ストーンはエジプト古代文字ヒエログリフの解読という歴史的成果をもたらしました。実際のところ、彼のエジプト遠征は軍事的には失敗に終わります。イギリス海軍に船を沈められ、孤立した遠征軍は最終的に降伏することになるのです。ナポレオン自身は単身フランスに戻り、政権を掌握したため政治生命を保ちますが、エジプト遠征自体は芳しいものではありませんでした。

一方で、ナポレオンが学術調査隊を率いたこと、その結果得られた学術的業績については一定の評価がなされているといっていいでしょう。学術における成功は人類の知識を増進させるものであり、人類の発展に貢献するものであるためです。学術への貢献は権力者の名声を保つ手段ともなり得るのです。

このことを理解していたナポレオンは、フランスで自然史学が勃興する中、１８００年、南太平洋、そしてオーストラリアに学術調査隊を派遣します。動物学や植物学、人類学における学術調査を中心に、加えて地図の作成が任務でした。調査隊には、若き動物学者フランソワ・ペロンもいました。彼は、最初にオーストラリアに上陸した動物学の専門家であったようです。カモノハシの発見以来、カモノハシの標本採集と、採集された標本がイギリス本国の解剖学者によって研究されることが行われてきましたが、経験を積んだ動物学者が実際に生きたカモノハシの元に向かうのはこれが初めてだったのです。

　調査隊はシドニーに上陸し、カモノハシなどを採集します。この航海では標本だけでなく、いくつかの動物については生きたまま集められました。多くの標本がパリの自然史博物館に収められたほか、カンガルーやエミュー、ウォンバットといった動物は、生きて海を渡ったのです。

　この航海の成功は、カモノハシを初めとするオーストラリアの動物学研究が、フランス主導で進みだす可能性を大いに秘めたものでした。しかし残念なことに、その可能性を担ったペロンは１８１０年、35歳で早世し、彼の研究はとん挫してしまいました。持ち帰られた標本は、彼自身の手で研究されることはなくなり、生きたままフランスに届いたカンガルーやエミューは、ナポレオンの妃、ジョセフィーヌのシャトーでペットとして飼われることとなりました。

## オーストラリアで始まったカモノハシ飼育

　その後、カモノハシ研究はイギリスの研究者を中心に行われていくことになります。解剖学的な研究は標本があればできるため、ドイツやフランスの研究者も存在感を見せましたが、野外でカモノハシを捕らえるタイプの研究は、どうしてもその土地を領有していたイギリスの人々に分がありました。イギリス本国から何人もの研究者がオーストラリアに行き、さまざまな研究が行われました。

　時代が下って20世紀に入ると、オーストラリア生まれの研究者が登場します。シドニー生まれのヘンリー・バレル（１８７３～１９４５）は実業家でしたが、カモノハシの研究者でもありました。彼はカモノハシの脳や生殖器の解剖学、繁殖期や巣の構造の調査といったさまざまな研究を行いました。そして、カモノハシの飼育に力を注いだ人物として有名です。

　彼はカモノハシ飼育装置「Platypusary」を開発し、カモノハシの飼育に成功するとともに、行動観察を行いました。彼の飼育装置は土の入った容器と水槽をつないだもので、カモノハシの生活環境を模したものでした。この飼育装置を利用したカモノハシの展示が１９１０年、シドニーの動物園で始まります。さらには、後ほどお話ししますが、バレルから飼育方法を学んだエリス・ジョセフ氏によって１９２２年にはニューヨークへカモノハシが輸送され、動物園で展示されています。とはいえ、このニューヨーク行は、送られた5頭のうち4頭が輸送中に死亡してしまい、届いた1頭も1か月ほどで死んでしまうという残念な結末に終わっています。

　オーストラリア国外にカモノハシを持ち出して、長期にわたる飼育に成功したのはわずか一度であり、同じくニューヨークのブロンクス動物園で１９４７年から57年にかけてのことだけでした。カモノハシは輸送に失敗する例が多く、非常にデリケートな生き物であることがうかがえます。そのような神経質なカモノハシをうまく飼育できるようにしたバレルの功績は大きなものでした。

　このバレルの技術を受け継いだ人物がデビッド・フレイ（１９０７〜１９９３）です。メルボルン大学で動物学を学

ヘンリー・バレルと移動式のPlatypusary（1921）。

んだフレイは、1934年からヒールズビル動物園の学芸員となり、1937年にはヒールズビル動物園の園長に就任します。その年にヒールズビル動物園はPlatypusaryを導入し、1938年の2月から、ジル（Jill）と名づけられた最初のカモノハシがそこにくらすことになります。

1939年、ビクトリア州を山火事が襲い、小さくなってしまった池から弱ったカモノハシが動物園に持ちこまれました。そのカモノハシはジャック(Jack)と名づけられ、動物園で飼われることになりました。ジルはまだ若いメスで、ジャックは成熟したオス。体重で2倍ほどのちがいがありました。このジャックとジルの飼育は成功し、2匹はヒールズビル動物園の名物となります。

それまでカモノハシの長期飼育は、ロバート・エディーという人物が飼育したスプラッシュの4年間が最長でした。ジルの飼育はその記録を塗り替えていきます。フレイはカモノハシ飼育の名人であったようで、さらには飼育下でカモノハシを繁殖させるという前人未到の業績も成し遂げるのです。カモノハシの繁殖は1943年から44年にかけて成功したのですが、1999年にヒールズビル動物園が再度成功するまでは唯一の成功例でした。フレイ以降55年ものあいだ、ほかの人々は成功させられなかったのです。また、カモノハシの国外への輸送と長期にわたる飼育に成功した唯一の例であるニューヨーク・ブロンクス動物園への導入も、フレイの指揮によるものでした。

こうしたヒールズビル動物園をはじめとする飼育下での研究により、さまざまなことが明らかになります。カモノハシは妊娠期間が21日、抱卵期間が10日、授乳期間が3～4か月くらいなのですが、こうした情報は飼育下で繁殖に成功したからこそ得られた情報でした。そして、カモノハシとり扱いガイドラインもつくられました。第2章でお話しした「カモノハシの持ち方」などはこうした研究の過程で生まれたものでした。

## 第二次世界大戦の中で ― デビッド・フレイによるカモノハシの飼育

フレイによるジャックとジルの飼育は１９３８年に始まり、飼育下でのカモノハシの繁殖が成功したのは、１９４３年から44年にかけてでした。この時期はちょうど第二次世界大戦の時期と重なっています。ジャックが飼育され始めた１９３９年にはドイツがポーランドに侵攻し、第二次世界大戦が始まります。ポーランドと条約を結んでいたイギリス・フランスはドイツに宣戦布告し、その結果オーストラリアも参戦することになります。さらに１９４１年、日米の交渉が決裂し、太平洋戦争が始まります。戦線はオーストラリアのすぐ近くまで迫ってきました。42年には日米の空母がオーストラリア沖で戦い、ケアンズから８００キロほどのところで米空母が沈んでいます。またシドニー湾には日本の潜水艦が進出し、オーストラリア軍の艦船が沈められ、北部では港町ダーウィンなどが、43年まで日本軍の航空攻撃を断続的に受け続けました。

世界中が戦争のために国力を注ぎこんでいた時代でした。物資は不足し、労働者は戦争に駆り出されました。そのような状況にあっても、カモノハシ研究は連綿と続けられていたのです。ジャックとジルの飼育も継続され、フレイは自著の中で、43年から44年にかけて、少ない予算から高い餌代を苦労して工面したと語っています。フレイは世界大戦という時代の中でも、カモノハシ飼育の営みを守り続けたのです。

２匹は徐々に慣れていき、繁殖への期待も高まっていきました。１９４３年の5月には、ジャックがジルの尻尾をくわえて一緒に泳ぐなど、求愛行動が観察されました。そして10月10日には待ちに待った交尾行動が観察されます。ジルは食欲が旺盛になり、10月18日にはジャックが別の Platypusary に移されることになりました。その後ジルは木の葉を集めて巣穴に運び、卵を産むためのベッドをつくります。10月25日から、ジルはほとんど巣穴の外に顔を出さなくなり、巣穴にこもりきりになります。11月3日に再び現れ、少しだけ餌を食べて以降は、徐々に巣穴の外に顔を出すようになってきます。11月10日から、本格的に食事をとるようになります。その間、乳腺のあるあたりの毛を後ろ足でかく動作が観察されています。しかし、子どもの姿が現れることはなく、関係者をやきもきさせています。

12月にはPlatypusaryの中でフクロネコの一家がくらしているのが見つかります。昆虫食性ですが、時に肉食性になる種類で、子どものカモノハシを傷つけてしまったのではないかと、関係者の不安は高まります。さらに、ジルの生活が普段の状態に戻り始めたため、繁殖は失敗したのではという考えが関係者のあいだで広まります。当時は生まれて6週間もすれば、カモノハシは巣穴から出てきて泳ぐようになると考えられていたのです。

１９４４年の1月3日、フレイをはじめとするスタッフは繁殖が失敗したと考え、ジルが子育てのためにつくった巣穴を観察することを決断します。動物園のスタッフはPlatypusaryのふたを開け、掘り返して巣穴の中を見ようとしました。巣穴を掘ると中からジルが現れ、うなり声をあげてくちばしを押してきます。とはいえ見たいのは巣穴ですから、ジルを押しのけて、さらに奥を見ようとします。

そのとき、スタッフは息をのみました。そこにいたのは、まだ目も開いておらず、毛も細かく短い、子どものカモノハシだったのです。スタッフは、後にコリー（Corrie）と名づけられるそのカモノハシを、写真撮影した後、大急ぎで巣穴に戻し、そして穴を修復します。勘ちがいから、せっかくうまくいっていた繁殖活動を邪魔してしまったのです。

ここでジルが子育てを再開してくれるかどうかわからなかったため、関係者はまたもやきもきすることになります。しかし幸いなことに、長年飼いならされたジルは神経の太いカモノハシだったようで、子育ては無事再開されます。さらにいいことに、そのときに開けた穴をふさいだ土嚢はとり外しが容易でしたので、ジルが餌をとりに出かけているあいだに巣穴の中を自由に観察するほか、コリーの体重計測などができるようになったのです。

その後もコリーは順調に成長を続け、２月26日には１人で外に出て泳ぐようになります。これら一連の観察によって、カモノハシの繁殖行動や、そのスケジュールが明らかになったのです。繁殖行動のスケジュールもわからない中、まちがえて巣穴を掘り返してしまうといった、試行錯誤の連続でした。このときの知見は当然ながら１９９９年の２度目の成功にも大きく役立っていますから、この成功がなければ次は55年後といわず、今もまだ成功していなかったかもしれません。フレイが戦時下という苦労の多い環境であっても自身の使命をはたし、カモノハシ飼育を続けたおかげで、カモノハシ研究は重要な一歩を歩むことができたのです。

## カモノハシ戦場に送られる ― チャーチルとカモノハシ

ジャックとジルの存在は、繁殖に成功する前から英連邦諸国で有名になっていました。その飼育期間がカモノハシにおける世界記録を塗り替えていったためです。そして、戦時中の英首相ウィンストン・チャーチルもその存在を知っていたようです。

戦争が続く１９４３年の３月、突然ヒールズビル動物園に連邦保健省の官僚たちが訪れます。彼らはある重要な要請を伝えに来たのです。それは英首相ウィンストン・チャーチルからオーストラリア首相宛の、イギリス本国に生きたカモノハシを6頭（半ダース）送ってくれないか、というものでした。

その重大任務について、フレイらヒールズビル動物園のスタッフに協力を仰ごうということだったのです。5月には米英豪の首脳会談がカナダで開かれましたが、その席でもチャーチル英首相からオーストラリア代表のエバット豪外相に追加の催促がありました。これは送るしかない、ということで、フレイを中心とするヒールズビル動物園のスタッフは準備を進めます。

このとき、フレイはジャックとジルは送らないという決断を下します。おそらくチャーチルとしては有名なジャックとジルが送られてくることを望んだのだと思われます。しかしフレイは、長年の飼育で慣れ、あと少しで繁殖すら成功させられるかもしれないつがいを、危険な海上に送ることはできませんでした。また、6頭ものカモノハシは多すぎると考えたフレイは、新たに捕まえたカモノハシを1頭だけ送ることにしました。フレイらがそのために捕まえたオスのカモノハシはウィンストン・チャーチルへの贈り物として、「ウィンストン」と名づけられました。

数か月間、飼育環境に順応させられたウィンストンは、移動式のカモノハシ飼育装置「Platypusary」ごと船に乗せられ、イギリスへと旅立つことになります。用意された商船ポート・フィリップ号は戦時下ということもあり、迷彩が施され、高射砲や爆雷まで装備されていました。このようないかつい武装商船の任務はといえば、その姿に似つかないカモノハシの輸送だったのです。

9月27日にカモノハシのウィンストンが入った移動式Platypusaryと、大量の真水とミミズ、ザリガニを載せたポート・フィリップ号はメルボルンの港を出港します。日本軍を避けるべく南太平洋を回ってパナマ運河を通過し、大西洋を通ってイギリス本国のリバプールへと向かいます。ロンドンでは王立動物学会がウィンストンの受け入れを準備していました。ところが、イギリスまであと4日という地点で、ポート・フィリップ号を含む船団はドイツ軍の潜水艦を探知します。当時の水上艦艇は爆雷を投下して潜水艦と戦いました。爆雷は一定の深度で爆発し、近くに潜水艦がいればそれを破壊することができるのです。

一連の戦闘の結果、ドイツ潜水艦の攻撃をかわすことができ、ポート・フィリップ号は無事でしたが、爆雷の爆発は周辺に大きな衝撃を与えました。戦闘中、爆雷の轟音と震動はポート・フィリップ号を繰り返し襲ったことでしょう。カモノハシは神経質な動物であるうえに、そのくちばしは敏感な触覚と電気の感覚をもっています。生まれて初めて感じる轟音と衝撃は、カモノハシのウィンストンにとって、どれほど恐ろしいものだったでしょう。潜水艦との戦闘のあと、ウィンストンは亡骸で見つかったのです。

ウィンストンの死因には、いくつかの説があります。戦闘中の爆雷の轟音と衝撃が原因であったというのは有力な説です。また、ドイツ潜水艦の存在から、船団は予定よりも大回りの航路をとっていました。そのため、ウィンストンに用意していた餌が不足して、量が減らされていたこともストレスとなったと考えられています。おそらくはこれらの複合的な要因で、ウィンストンはイギリスまであとわずかのところで死んでしまったのです。このときのカモノハシ輸送は失敗に終わるのですが、この顛末については戦時中ということもあり、フレイが詳しい情報を知ることはありませんでした。

戦後、フレイは不思議な話を耳にします。イギリスのアランブルック陸軍元帥が、休暇の折にヒールズビル動物園を訪れた際のことです。彼はフレイにいいます。「生きたカモノハシを見たのは初めてだ」と。続けて、戦時中にチャーチルの執務机にカモノハシの剥製が置いてあったのを見たというのです。フレイはそのとき、ウィンストンが最後は剥製となってチャーチルの元にたどり着いたのだと思ったのです。

カモノハシのウィンストンは不幸な死を遂げましたが、それと相前後して、残されたジャックとジルは卵を産むことになります。フレイは英政府からの要請に対しても、ジャックとジルは送らないと決断しました。そして戦時下にあっても、ジャックとジルの飼育を継続しました。その結果、これまで人類が知り得なかった知識を積み上げていくことができたのです。激動の時代に、フレイは彼に課せられた使命を懸命にはたしたといえるでしょう。

## チャーチルと豪政府の意図、そしてもう1頭のカモノハシ

戦争の最中にカモノハシの輸送とは、いかにも不思議なお話ですが、これを行ったのはイギリス、オーストラリア両政府と政治家でした。このカモノハシ輸送劇には、どのような政治的な意図がこめられていたのでしょうか。

私は、ウィンストン・チャーチルの側には、カモノハシの輸送成功を、海上護衛戦の勝利を宣伝するプロパガンダにしようとしたのではないかと考えています。当時は、イギリスが苦しめられていたドイツ潜水艦との戦いに希望が見え始めた時期でした。チャーチルがリクエストを送ってきた時期は、ちょうど連合国商船の被撃沈数が減少し、ドイツ潜水艦の撃沈数が増加に転じていく時期だったのです。このことは私が２０１７年に発表した「オーストラリアのカモノハシ外交」という論文に記しています。一方、私以外の研究者による論文では、もともとのチャーチルの動物収集趣味や、オーストラリアの外交がアメリカを重視する方向にシフトしていくことへの危惧から、英豪関係を象徴する品物を欲しがったのだといったことが論じられています。おそらくさまざまな要因が複合的に絡み合っていたのでしょう。

一方、当時のオーストラリア政府は日本軍の圧力に対抗するため、イギリス本国の援助を得ることが不可欠の状況でした。ところが、太平洋戦争の開始後すぐに英連邦の重要拠点シンガポールは陥落し、イ

ギリスを頼りにできなくなったオーストラリアは、アメリカに依存していくようになります。それでも、チャーチルからリクエストがある数か月前には、オーストラリアから中東に派遣されていた師団がニューギニアに転進することが認められるなど、チャーチルによるオーストラリア防衛への配慮が示され、英豪間の関係は改善していました。加えて、オーストラリアは戦闘機の供与も必要としていました。このような中で、オーストラリアからイギリスへのカモノハシ輸送計画はセッティングされたのです。一見のどかなカモノハシの輸送計画ですが、その背景には戦時中の国際情勢がありました。

ここで、フレイの送った「ウィンストン」とは別の、もう1頭のカモノハシの存在を知ることで、さらにオーストラリア政府の意図が見えてきます。それが、カモノハシの「スプラッシュ」です。スプラッシュは、前述の通りロバート・エディー氏が飼育していたカモノハシです。オーストラリア生まれのエディー氏はカモノハシを初めて飼育した人物として知られています。スプラッシュは人間によく慣れたカモノハシで、エディー氏のモップにじゃれついて遊ぶこともあったようです。とはいえ、スプラッシュは当時すでに生きておらず、剥製となっていました。

オーストラリアのエバット外相は、１９４３年にウィンストン・チャーチルからカモノハシ輸送の依頼を受けた直後、スプラッシュの剥製を飛行機で送り届けています。なぜ生きたカモノハシを求めたチャーチルに、剥製のカモノハシを送ったのでしょうか？　なぜそれは、エディー氏の飼っていたスプラッシュの剥製だったのでしょうか？

この理由について、先述の「オーストラリアのカモノハシ外交」の中でも論じていますが、エディー氏に関する新聞記事を調べたところ、ある事実が明らかになったのです。じつは、エディー氏はただのカモノハシ飼育家ではなかったのです。

ウィンストン・チャーチルは若い頃（1899年）、第二次ボーア戦争の最中に従軍記者として戦地に向かったものの、捕虜になってしまいます。しかし、捕虜収容所からの脱走に成功し、英雄として大きな名声を得ました。そのことが彼の政治家へのキャリアにつながっていくのです。この脱走劇の際に、チャーチルはある部隊に助けられました。その部隊に、ロバート・エディー氏がいたのです。エディー氏はその部隊で情報将校をしていました。オーストラリア政府が数あるカモノハシの剥製の中からスプラッシュを選んで送ったのは、おそらく、かつてオーストラリア人が苦難にあったチャーチルを助けた過去を、チャーチル自身に想起させる意味合いがあったのではないかと考えられるのです。

ちなみに、チャーチルの執務机の上に置かれていたのは、このスプラッシュの剥製であったようです。カモノハシのウィンストンも死後剥製になったのですが、チャーチルの許可を得て、戦災でカモノハシの標本を失った大学に贈られることとなったようです。

### 海を渡ったカモノハシ――カモノハシ、アメリカに行く

第二次世界大戦中に、生きたカモノハシをイギリスに送る計画は失敗に終わりましたが、それ以前にカモノハシをアメリカに輸送する計画がありました。計画を実行したのは、アメリカの動物商エリス・ジョセフ氏でした。

ジョセフ氏はオーストラリアの珍しい動物をアメリカの動物園に納入しており、コアラを初めてアメリカに持ちこんだ人物でもあります。ジョセフ氏は1913年からカモノハシ飼育の第一人者ヘンリー・バレルから指導を受け、カモノハシの飼育技術を磨きます。そうして1916年と1922年に輸送にチャ

レンジし、１９２２年、ついに1頭のカモノハシを生きたまま、ニューヨークのブロンクス動物園に送り届けることに成功するのです。ジョゼフ氏とカモノハシはブロンクス動物園のホーナディ園長をはじめ、現地の人々の大歓迎を受けます。しかし、残念ながらそのカモノハシも、到着から49日で死んでしまいます。ジョセフ氏はその後ニューヨークでくらし、１９３８年に亡くなります。

アメリカへのカモノハシ輸送は、ヒールズビル動物園のデビッド・フレイも試みました。１９４７年と58年のことです。１９４６年の2月に、ニューヨークのブロンクス動物園を運営する組織の会長であるオズボーン氏からカモノハシを送ってほしいという依頼が届いたのです。フレイはその要請を受け、移送の準備を始めますが、この計画は一度オーストラリア政府から却下されてしまいます。ちょうど、オーストラリアの動物を保護する法律が厳格化され始めた時期で、動物の国外への輸送が難しくなっていたのです。しかし、フレイの働きかけによって、一部の政治家が仲介の労をとります。フレイはビクトリア州首相のホロウェイ氏や、スプラッシュの剥製を送るのに関わったエバット博士（戦時中の外相）らを介し、所管大臣を紹介されます。彼らの尽力により、アメリカへ贈るカモノハシは「アメリカの戦時中の協力に感謝するための贈り物」と見なすことにより、最終的に許可されました。

１９４７年の3月27日にヒールズビル動物園を出発した3頭のカモノハシは、無事ニューヨークにたどり着き、4月28日から展示が始まります。1頭は１９４８年に病死してしまいますが、もう1頭が１９５７年8月に逃亡、最後の1頭が9月に死亡するまでの、10年以上の長期にわたって飼育することに成功します。その間、ブロンクス動物園の展示場にはアメリカ合衆国とオーストラリアの国旗が掲げられ、数多くの人が展示を訪れました。展示開始の前後にはニューヨークタイムズ紙で連日写真つきで大きく報道され、カモノハシに関心が集まったことがうかがえます。報道では最初の１年４か月の間に25万人が展示に足を運んだとか、夏のあいだは毎日４０００人が訪れたという記述があります。

この10年間にわたる展示が大成功だったことから、最後のカモノハシが死亡したその年の内に、フレイは次のカモノハシ移送を要請されます。１９５８年に再度3頭のカモノハシを輸送することになったフレイは、今度は空輸という手段を選び、航空機に載せられる特別サイズのPlatypusaryを製作します。しかし、この輸送はトラブル続きでした。6月3日に動物園を出発したカモノハシたちでしたが、飛行機の機材故障によって空港で48時間も足止めされてしまいます。さらに経由地のハワイではオーストラリアの土を持ちこめないとのことで、Platypusaryの土は総入れ替えになり、巣穴も壊されてしまいます。6月7日にようやくニューヨークにたどり着いたカモノハシたちでしたが、結局年内に死亡してしまうのです。

アメリカへのカモノハシ移送は、民間の動物園同士の交流から計画されたものであったため、何度も繰り返されることになりました。一方で、法律がその動きを規制した側面もあり、戦時中の返礼といった特別な理由が付与され、ようやく許可が下りることになりました。その後、１９６０年代に入ると、カモノハシをはじめとするオーストラリアの動物の国外への移送は、法律によってさらに厳格に規制されるようになっていきます。

## 海を渡りかけたカモノハシ ― 日本に送る計画とその顛末

１９６０年代にオーストラリアの動物を海外に送ることが厳しく規制された背景には、野生動物の保護のほか、海外からの観光客をよびこむという目的がありました。ところが１９８２年には新たな指針が出され、動物に大きなリスクがない場合、海外へ動物を送ることが可能になったのです。その結果、

１９８０年代以降、日本の動物園にコアラがやってきてもいます。

名古屋市はシドニーと姉妹都市提携を結んでおり、名古屋市の東山動物園は、１９８４年より、シドニーのタロンガ動物園からコアラを受け入れていました。当時の中日新聞の記事によると、１９９０年の７月にシドニーで行われた姉妹都市提携10周年記念のパーティの席上でニュー・サウス・ウェールズ州（以下ＮＳＷ州）環境大臣のムーア氏から、東山動物園とタロンガ動物園の姉妹動物園提携計画が提案されました。さらに前シドニー市長のサザーランド氏が、姉妹動物園が実現するならばと、これまで門外不出だったカモノハシの寄贈に尽力したい、という趣旨の発言をしたそうです。

１９９３年にはＮＳＷ州ジョン・フェイ首相の一行が東山動物園でのコアラ贈呈式に出席します。その席で西尾名古屋市長からカモノハシの受け入れを提案され、フェイ首相は「アシスト」する意思を示したとの報道があります。しかし、名古屋にカモノハシを送る計画は、具体化しませんでした。

名古屋でコアラ贈呈式に出席したフェイ州首相一行は、その後東京へ向かいます。そこで、東京都の鈴木俊一知事とＮＳＷ州フェイ首相のあいだで共同声明が調印されるのです（同年６月16日）。それは、１９９６年に東京で開催予定だった「東京フロンティア（世界都市博覧会）」においてＮＳＷ州がカモノハシの特別展示をするというものでした。

カモノハシがオーストラリア国外に出るとなると、１９５８年以来のできごとです。ところが、この計画はオーストラリア国内からの反発を招きます。当時のオーストラリア国内での新聞報道を見ると、調印から５日後には、連邦政府のケリー環境大臣が計画に反対の意向であり、厳しい条件を付与したことが報じられました。また、複数の動物学者がこの計画に反対していることも報道されています。

しかし、フェイ州首相と鈴木都知事の計画は着々と進められ、翌１９９４年８月には鈴木都知事がＮＳ

W州を訪問し、シドニーのタロンガ動物園でカモノハシを見学し、フェイ州首相との共同声明に調印します。それでも反対の声は収まらず、１９９４年の年末には、ＮＳＷ州政府が提出したカモノハシ輸送計画について、連邦政府が許可を出すかどうかの公聴会を開くことが報道されています。その記事にはカモノハシが神経質な生き物であるために輸出が禁止されてきたことが、識者のコメントとして付記されています。また、別の記事では、過去にアメリカにカモノハシを輸送した際に多くのカモノハシが死亡したことを挙げ、カモノハシの輸送には動物福祉や動物倫理の点で問題があるという報道がなされています。

このカモノハシ輸送計画は、１９９５年に急展開を迎えます。3月25日、ＮＳＷ州の州議会選挙で、フェイ首相率いる自由党・国民党連合政権は環境保護を掲げる労働党に敗北してしまいます。さらにその直後の4月9日に、東京都知事選で世界都市博覧会の中止を主張する青島幸男氏が当選します。4月15日には青島新都知事が世界都市博覧会の中止を明言します。また、4月20日にはＮＳＷ州のアラン新環境相が博覧会へのカモノハシ出展を撤回することを発表します。これを伝える新聞記事には、州内の環境保護派の反対と政権交代の余波が影響したという解説も付記されています。その後も紆余曲折はあったものの、5月31日に博覧会の中止が正式決定し、東京でのカモノハシ展示は幻となったのでした。

これら一連の動きは、オーストラリアにとって日本が最大の貿易相手国となった中で、自治体間の外交が活発化した結果生じたものでもありました。国家間のやりとりであったイギリスへの輸送や、動物園間の民間交流が原動力であったアメリカへの輸送とは別の外交が、そこにありました。

また、このカモノハシを日本に送ろうとした動きの背景には、シドニーオリンピック招致活動があったようです。１９９３年の名古屋市へのコアラ贈呈の際に、フェイ州首相はシドニーオリンピック招致への支援要請を名古屋市長にしています。さらにフェイ首相の東京訪問の2か月後には、ＮＳＷ州のスポーツ・

レクリエーション・レーシング大臣が日本のＩＯＣ委員と会見するために来日し、東京都の副知事らとも会見しています。後に、フェイ首相は、政治家としての業績に加え、シドニーオリンピック招致の功績を特筆された上で勲章を授与されています（２００２年）。カモノハシの東京での展示も、フェイ首相から提案したものだったようです。東京でのカモノハシの展示計画はこのような背景をもちつつ、自治体外交の一環として動き出したものでした。しかし、自治体のトップ同士のリーダーシップで動き出した計画は、トップの交代とともにあえなく潰えてしまったのです。

## オーストラリアのカモノハシ外交

イギリス、アメリカ、日本へのカモノハシ移送計画は、先述の２０１７年の論文「オーストラリアのカモノハシ外交」の中にまとめています。これらの計画の裏には、カモノハシを送ることで国家間の親睦を深める「カモノハシ外交」が展開していたのです。中国がパンダを諸外国に送ることで国家イメージを高めてきた「パンダ外交」は有名ですが、カモノハシもこのような役割をもって諸外国へと送られようとしていたのです。

これらの計画の背景は、それぞれ大きく異なりました。イギリスへの輸送計画は、戦時中のきわどい外交政策の一環でした。アメリカへの複数の輸送計画は、どれも民間同士の交流から生じたものでした。日本への輸送計画は自治体外交の一環であり、シドニーオリンピック招致運動とも関連していました。

このように計画に関わった組織はさまざまでしたが、カモノハシを送る計画があった相手国は、オーストラリアの国際関係の変遷と関連しています。第二次世界大戦中は国防を依存するイギリスからの要請に応えてカモノハシを送ります。それと並行してアメリカに国防を依存するようになったオーストラリアは、戦後すぐに、戦時中の返礼の意味を付与してカモノハシを送ります。そのカモノハシたちは、冷戦の初期に米豪間の関係を象徴するものとなりました。そして、20世紀後半にオーストラリア政府がアジア化を掲げ、日本が最大の貿易相手国となる中で自治体外交が活発化し、日本への輸送計画も生じました。

　カモノハシはオーストラリアを象徴する動物の一つであり、また神経質で輸送が難しいことから、国外への輸送が試みられる機会が少ない生き物でした。このような特徴をもつカモノハシがどの国に送られようとしたかは、オーストラリアの国際関係を象徴するものでもありました。

　このようなカモノハシ外交ですが、今後試みるには、動物福祉の観点で困難を伴うことが考えられます。神経質な生き物であるカモノハシは、輸送の際に大きなストレスにさらされるはずだからです。１９９６年に計画されていた日本への輸送も、動物福祉の観点から大きな反対にあいました。

　また、これは私の考えですが、動物の国外展示は、長期的には困難を伴うことにも留意が必要です。カモノハシの国外展示はアメリカで大成功を収めますが、それでも11年間展示することしかできませんでした。これが植物であれば、もっと長い期間、二国間の関係を象徴してくれます。代表例は、日本がアメリカ合衆国に送った桜でしょう。とくにワシントンＤＣでは、桜は街の名物となり、毎年の桜祭りは風物詩ともなっています。アメリカ合衆国の首都で、１００年以上にわたって咲き続ける桜は、生き物を用いた外交における最高の成功例といえるでしょう。

　カモノハシは確かにオーストラリアを象徴する生き物ですが、それを生きた動物以外の手段でアピールする方法もあります。すなわちキャラクター化、偶像化することで、国際社会でアピールするという手段もあり得るのです。

たとえば、２００５年に開催された愛知万博では、オーストラリア館に巨大なカモノハシ模型が設置されました。このオーストラリア館の設置には３５００万豪ドルが投じられており、その金額は１９９６年の世界都市博覧会におけるカモノハシ展示に２０００万豪ドルの費用が見こまれていたのを上回ります。このカモノハシ模型は万博の後、三重県四日市市のオーストラリア記念館を経て、現在三重県津市の私設博物館・樋口友好ミュージアムに展示されています。このカモノハシ模型はこの原稿を書いている２０２０年時点で、15年間展示され続けていることになります。その期間は、ニューヨークで展示されたカモノハシたちの期間を上回っているのです。

ちなみに、私のカモノハシ外交の論文は、私が三重大学にいた頃に、同僚の村上友章先生（現流通科学大学准教授）との雑談の中で書くことを決めたものです。前々からこういった文系的な論考を書いてみたいと思っていたのですが、適切なコメントをくれる専門家が得られずに困っていました。そんな折、赴任した三重大学では、隣の部屋に神経生理学が専門の玉利先生が、その隣に国際政治が専門の村上先生がいました。近場ということと、同じ種類の全学必修講義を受けもっていたこともあり、よくその3人（あるいはもっと）で食事会＆お茶会を開いたものです。お茶会には私の研究室、名づけて「かものはうす」を利用しており、さまざまな話題に花を咲かせました。そこで私が「カモノハシ外交」の論考をしたいという話をすると、村上先生はアドバイスすることを快く約束してくれたのです。もちろん私の論考は素人芸ですので、至らない点も多くあると思われ、それらの責はすべて私に帰するものですが、村上先生に勇気づけていただいたおかげで、カモノハシに関連した専門外の内容にも足を踏み出すことができました。

化石カモノハシの研究でもそうだったのですが、私の研究活動においては、お茶会がブレイクスルーを生み出してくれることが多いようです。

# Chapter 7

# 人間社会とカモノハシ

# 7-1 カモノハシの危機と保護

## 狩猟で危機に陥ったカモノハシとその保護

　オーストラリアにヨーロッパ人が来る前から、オーストラリア先住民がカモノハシを狩ることがあったのは、遺跡から見つかる動物遺骸からも確かなことのようです。しかし、ヨーロッパ人入植前の狩猟がカモノハシの生存に危機をもたらすことはありませんでした。オーストラリアでは人類の到達から間もなく、おそらくは狩猟によって絶滅したとされる大型の有袋類が数多くいるのですが、それらの哺乳類とは異なり、カモノハシは水中に逃げられることから、人類の影響を受けにくい立場だったのでしょう。しかし、銃を持った人間からは、水中に逃げこむだけでは助かることは難しかったのです。

　カモノハシが非常に緻密な毛皮をもっていることは第1章でお話ししました。この毛皮は19世紀、狩猟者の格好の標的になったのです。カモノハシの毛皮は厚みがあって硬いこともあり、広く輸出されるほど人気の品にはなりませんでしたが、帽子やスリッパ、絨毯などに加工され、オーストラリア国内で多く消費されたようです。カモノハシの体はあまり大きくありませんから、製品をつくるには多くのカモノハシを捕らえねばなりません。絨毯1枚をつくるのに、40～60頭のカモノハシが必要とされたようです。そのため、多くのカモノハシが狩られることになりました。

狩猟者は、銃や猟犬を使いました。カモノハシの泳ぐ水面に銃を撃ち、その衝撃で気絶したカモノハシを猟犬が集めたようです。その過程で息を吹き返すカモノハシもいますから、毒をもっているオスでしたら、けづめを使って闘うこともあります。中には返り討ちにあった猟犬もいました。このような歴史的な経緯があって、カモノハシの毒が、イヌには致死的な効果をもたらすけれども、人間には強い痛みを与えるものの死には至らないという事実が明らかになったのです。

このような乱獲ともいえる狩猟が続いたため、カモノハシの数は激減しました。シドニーの市場で取引されたカモノハシの毛皮の数は、１８９１年から99年にかけて、毎年７００から２３００に達したそうです。ある毛皮業者は第一次大戦前までに2万９０００ものカモノハシの毛皮を販売したといわれています。現在のカモノハシの生息数が、オーストラリア全体で3万から30万頭程度と推測されていることを考えると、たいへんな数です。こうした毛皮目当ての狩猟のほかにも、スポーツとしての狩猟によって多くのカモノハシが犠牲になりました。数千万年におよぶカモノハシの歴史の中でも、この人間による狩猟は大きな危機だったことでしょう。

その後、徐々にカモノハシの保護が始まります。１８９２年にはビクトリア州で保護動物に指定されたのを皮切りに、１９０１年から１９０７年のあいだにニューサウスウェールズ州、クイーンズランド州、タスマニア州で保護が始まります。しかし南オーストラリア州では１９１２年まで完全な保護はなされず、その間に南オーストラリア州の一部の地域でカモノハシが絶滅してしまったといわれています。このように法的な保護はなされましたが、違法な狩猟は続いたようで、１９１９年にはニューサウスウェールズ州でいかなるカモノハシ毛皮の取引も禁止されます。取引を禁止することで、密猟を防ごうとしたのです。

狩猟以外にも、カモノハシの生存を脅かす恐れのあるものがいくつかあります。その一つは淡水域における漁業です。魚を捕獲するための定置網にカモノハシが巻きこまれて浮き上がれず、呼吸できなくなって死んでしまうことがあるのです。これらはカモノハシだけでなく、水に潜る鳥やカメにも脅威ですので、危険性の高い一部の網が禁止されています。なお、淡水域における商業的な漁業は経済発展とともに減少しており、趣味で行われる漁が問題となっています。

海外からオーストラリアに持ちこまれた生き物「外来種（外来生物）」もカモノハシにとってよくない影響をもたらします。人間が持ちこみ、野生化したキツネやイヌはカモノハシの天敵になりますし、外来種であるヤナギの木は、本来生えているはずのユーカリの木と異なり、落葉のタイミングが一度に来るため、その下ではカモノハシが餌とする淡水生の無脊椎動物の数が少なくなる傾向にあります。

カモノハシの巣穴と餌探しをする場所を比較した研究では、カモノハシはヤナギの木の下に巣穴をつくることもありますが、餌探しはヤナギの木の下ですることは少なく、在来種のユーカリや、外来種ではありますが、一年を通じて落葉するポプラの下で行うことが多いという結果が出ています。それらの木の下では落葉を栄養源とする微生物が繁殖し、それを食べる無脊椎動物（カモノハシの餌）が繁殖しやすいのでしょう。そのため現在では、河川の環境を守るためにヤナギの木を除去し、在来の植生に戻すことが定石のようになっています。ただし、その効果について定量的な研究は十分になされておらず、未知数なところもあるようです。

一部の外来種は、食べ物に関してカモノハシの競争相手になっているようです。コイやニジマス、ブラウントラウトといったマスのなかまなどです。これらの魚はオーストラリアに移入されてから１００年以上共存しているのも確かなので、悪影響がどの程度かはよくわかっていません。マスよりもカモノハシのほうが餌を獲るのがうまいという話もあるようで、同じ川で捕らえられたカモノハシの栄養状態がよかったのに対し、マスはそれほどよくなかったという例もあるようです。

このような影響のほか、農業や林業といった人間の活動もカモノハシに影響しているようです。なによりも都市化の影響は大きいようで、大都市近郊ではカモノハシの生息が確認される例が少ないといわれています。一方で、小さな町には、カモノハシの保護を熱心に行い、カモノハシを町おこしに使っているところもあります。カモノハシと人間のよりよい共存関係とはどのようなものなのか、それを探っていくのは今後の課題でしょう。

## カモノハシの地理的変異

動物の保護というと、カモノハシならカモノハシという種を守ることに目が行きがちですが、保護すべき対象は対象の種だけではありません。カモノハシに限らず、動物は地域ごとに系統進化の歴史を反映して、あるいは異なる環境に合わせて適応進化して、地域ごとに独自の体や行動を進化させます。ですから、単純にカモノハシがいればいいというわけではないのです。先ほど南オーストラリア州の一部の地域で狩猟によってカモノハシが絶滅してしまったという話をしましたが、このように一度滅びてしまったカモノハシの地域個体群は二度とよみがえることはないのです。

同じ種の中で地域ごとに見られるちがいを地理的変異とよびます。わかりやすい例ですと、カモノハシは南北で、体のサイズにちがいがあることが知られています。北よりも南のカモノハシのほうが大きく、中でもタスマニアのカモノハシが最大になります。緯度によって体のサイズが変化するのは哺乳類ではよくある例で、これは寒い地方（オーストラリアは南半球なので南）では体温を保つため体が大型化する方向に進化が起こるという説明ができます。

このようなことがありますので、同じ種であっても離れた地域から動物を持ちこむことには慎重にならなければなりません。日本でも、たとえば環境教育の一つとして川にホタルを放すイベントが行われることがありますが、放流するホタルを外から連れてくる場合には問題が生じます。昔からその川にすんでいたホタルがいるからです。もしそこに、遠い土地で捕らえられた後、人工的に養殖したホタルを放った場合、その土地固有のホタルと交雑して子孫をつくり、しまいにはその土地固有のホタルの系譜を消し去ってしまうということにもなりかねません。これは環境破壊以外の何物でもない行動です。人間が自然に手を加えようというときは、その行動によってどのような影響が生じるのか、そのときに守るべき対象はなんであるのか、精査する必要があるのです。

さて、カモノハシには地理的な変異があるという話をしましたが、それが顕著なのはタスマニア島とオーストラリア本土のカモノハシです。そのほか、オーストラリア本土の中でも、南北で遺伝的なちがいがあることが知られています。

タスマニアは、地球全体が寒冷化して海水面が下がる氷期とよばれる時代に、オーストラリア本土とつながったことがあったといわれていますが、現在はバス海峡で隔てられています。バス海峡の深さを考えると、2万年前の氷期（最終氷期）にもオーストラリア本土とタスマニアがつながっていた可能性は高いようです。しかし、同様に最終氷期につながり、その後、海で隔てられたタスマニア島とキング島のあいだではカモノハシの分岐が浅いことが明らかになっています。ミトコンドリア遺伝子に着目した研究では、オーストラリア本土とタスマニアのカモノハシは94万年くらい前に共通祖先がおり、分岐はそれに近い時代までさかのぼる可能性があるようです。一方、オーストラリア本土内のカモノハシの共通祖先は49万年くらい前のようです。もしかすると分岐の原因は陸地の分断だけではないのかもしれません。

日本の生物地理を考える上でユーラシア大陸と日本の個体群の分岐年代は重要で、多くの研究がなされていますが、その分岐が１３０万年前くらいであると計算される哺乳類が多くいます。また、それらの日本の哺乳類はユーラシア大陸の種とは別種とされていることが多いのです。このようなことを考えると、タスマニアのカモノハシは、オーストラリア本土のカモノハシとは別種である可能性もあると私は考えています。これには種をどう定義するかの考え方「種概念」が関わってきますので複雑な話になりますが、検討する価値はあるかもしれません。

ちなみに、カモノハシは塩分には耐性があるようです。オーストラリアでは一部で塩分濃度の上昇が環境問題になっていますが、そのようなエリアの近くでカモノハシの生息が観測されています。また、タスマニア北部の海辺でカモノハシが泳いでいるのが目撃されています。さらには、南氷洋にすむ肉食性のアザラシであるヒョウアザラシの胃袋からカモノハシの遺骸が見つかってもいるようです。そのため、カモノハシは少しくらいなら（気の迷いで？）海辺まで出ることもあるようなのです。とはいえ、遺伝子を調べた研究では、現在、オーストラリア本土のカモノハシと、タスマニア島のカモノハシのあいだでは遺伝的な交流がないことが示されており、さすがにカモノハシも２００キロ以上あるこの海峡を渡ることはできないようです。

## タスマニアのカモノハシだけがかかる病気

カモノハシにも病気があります。カモノハシに特異的に寄生するダニのなかま（*Ixodes ornithorhynchi*）

は、赤血球に感染する原虫を媒介します。とはいえ、健康な状態では害はないようで、ごくわずかの赤血球に寄生するだけのようです。また、ある川で行われた調査では、50パーセントのカモノハシがレプトスピラ症という多くの哺乳類が感染する病気の病原体への抗体を保持していたことがあったようです。これは、この病気に感染したウシの排尿が川に流れたことが原因のようです。

このような病気への抵抗性にも、地理的な変異があります。中でもタスマニアのカモノハシだけに大きな影響を与える病気として、真菌のなかま（*Mucor amphibiorum*）の感染が挙げられます。この真菌はオーストラリア本土の両生類に寄生しています。オーストラリア本土のカモノハシはこの真菌に耐性をもっているようで、感染してもすぐ治癒するなど、大きな症状は出ないようです。

この真菌が、（おそらくは）バナナの葉についたカエルを介して、タスマニアに持ちこまれてしまいました。この病気はタスマニアで１９８３年に初めて報告されます。タスマニアのカモノハシは本土のカモノハシとちがってこの病気に弱く、感染すると重篤な潰瘍ができてしまいます。肺に症状が出ることもあり、死に至ることもあるようです。なぜタスマニアのカモノハシにだけ、この病気が重篤な症状をもたらすかというと、タスマニア島は本土から長い期間隔離されていたため、タスマニアのカモノハシはこの真菌に関わったことがなく、耐性が進化していなかったということのようです。

このような事件がありましたから、オーストラリアは国外からはもちろん、本土とタスマニアのあいだでも、寄生虫や植物の種が紛れこむ可能性のある有機物の持ちこみを厳しく規制しています。食べ物を持ちこむのも絶対禁止で、タスマニアの空港では食べ物を見つける専門のイヌが乗客の荷物を嗅ぎ回ります。一度生き物がある土地に入ってしまえば勝手に増殖してしまいますから、これを人間の手で元に戻すのはほとんど不可能です。ですから、水際で防ぐほかはないのです。

このようにタスマニアのカモノハシは危険な病気にさらされてしまったわけですが、一部ではこの病気が治癒した跡のあるカモノハシ個体が発見されているようで、真菌への抵抗性が現在進行形で進化しているようです。人間の手によって広まってしまった病気ですが、カモノハシ自身の野生の力に頼るほかないというのが現状で、なんとか彼ら自身の力で病気に打ち勝ってもらうことを祈るほかありません。

## タスマニアの町、ラトローブでのカモノハシ保護活動

このように人間の活動によって、カモノハシは大きな被害を受けてきました。その一方で、カモノハシがくらす環境を守るために努力を傾けてきた人々もいます。ここでは、私が院生時代にタスマニアへカモノハシを見るために出かけたときにばったり出会った、カモノハシ保護のヒーローについてお話ししましょう。

この出会いには、当時私が所属していた京都大学総合博物館に大学院生として来ていたマットさん（イングリス・マシューさん）のアドバイスがありました。マットさんは昔から日本に興味があり、２００５年の愛知万博の折にボランティアとして来日経験もあったようです。そこで日本への留学を決意し、大学を卒業した後、京都にやってきたというわけです。ちなみに、マットさんの学部時代の指導教員は化石の研究をしていたパトリシア・リッチ先生（単孔類化石の話で出てきたリッチ夫妻）です。この愛知万博でもう一つご縁がつながるのですが、それは後ほどお話しします。そのマットさんがくれたアドバイスとは、タスマニアに「カモノハシの都（Platypus capital）」とよばれる町があるという話でした。

タスマニアに出かけたのは２００８年の年始でした。当時大学院生だった私の指導教員であった本川先

巨大なカモノハシの張りぼて。

生が海外調査に出かけているあいだのことで、レンタカーを借りてタスマニア島をあちこち回りました。いろいろな場所を回ったのち、ふと、マットさんに教えられた「カモノハシの都」のことを思い出しました。調べると、それは北部にある「ラトローブ」という町でした。

ラトローブの町を訪れてみると、その名に恥じないカモノハシの町でした。町の大通りにはカモノハシのブロンズ像や看板が並んでいますし、公園には巨大なカモノハシの張りぼてが鎮座しています。カモノハシは町のシンボルであり、その存在が町の人にとっての誇りであることがよくわかりました。郊外には町の人おすすめの、カモノハシがすんでいるというポイントがあります。いくつか見て回ったうち、最高の場所はワラウィー森林保護区（Warrawee forest reserve）にほど近い、マージー川のほとりでした。そこはまさにカモノハシの宝庫で、朝夕に茂みをかき分けて川辺を見渡すと、視界に何頭ものカモノハシが泳いでいるのが同時に見えるほどでした。

初めてマージー川に行った朝、カモノハシの多さに感動しながら川沿いを上流に歩いていくと、川を眺めている3人組に行き会いました。白髪の男女と若い女性でした。後になって知るのですが、それがカモノハシ保護のヒーローとの最初の出会いだったのです。それは彼がボランティアでやっているカモノハシツアーの一行でした。しかし、そのときは白髪の女性が大学生の孫とカモノハシを見に来たという話をするので、老夫婦とそのお孫さんだと思っていたのです。

ラトローブ滞在の最後の日、ワラウィー森林保護区で行われているという、カモノハシを見るというツアーに参加しようと思い立ちました。折角なのでツアーというものを体験しようと思ったのです。集合場所のツーリストインフォメーションセンターにお客さんは私1人だけ。そこに案内役としてやってきたのが彼、ロンさん（Ron Hedditch 氏）でした。

どこかで見た記憶があると思ったら、ロンさんも、カモノハシを探す私を何度も見たといいます。マージー川がカモノハシを見るには最高のポイントであると知った私は、何度かその場所へ通っていました。私が気づかないあいだに、何度もすれちがっていたのでしょう。そんなわけで、カモノハシに思い入れ

マージー川の風景。

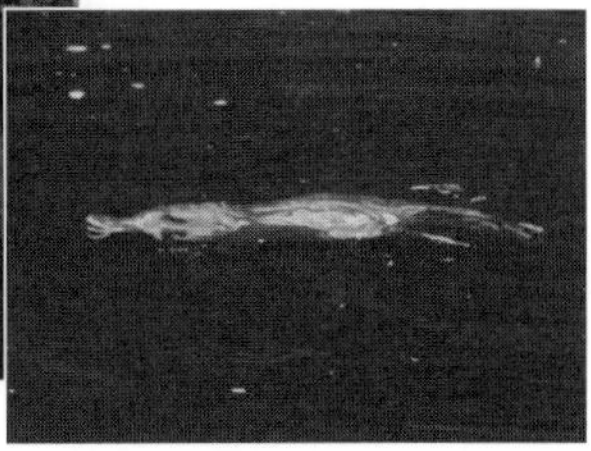

マージー川のカモノハシ。

のあることを理解してもらったらしく、彼の今までの活動をつぶさに教えてくれたのでした。今は森林保護区を管理する仕事をしているというロンさん、お話を伺っているうちに、じつはすごい人であることがわかってきました。失われかけたカモノハシの森をよみがえらせる活動を始めたのもロンさんでしたし、「カモノハシの都」というキャッチフレーズを考えたのも彼だそうです。

カモノハシを見ながら夕暮れのマージー川を歩いたのち、ロンさんのお宅におよばれすることになりました。なんと、ロンさんは日本のNHKの番組に出演したことがあるというのです。不思議な出会いに感謝しつつ、ロンさんのご自宅でその番組を見ました。その番組はちょうど愛知万博とタイアップしてつくられた番組の一つで、ロンさんたちが、カモノハシがすむ川をよみがえらせた話が特集されていました。ふと考えると、万博の縁で日本にやってきたマットさんがこの町を教えてくれたおかげで、私はここにいるのです。不思議な縁もあるものです。

カモノハシの保護活動に尽力してきたロンさん。

それでは、このときロンさんにいただいた資料や、後ほど調べた内容を含めて、ラトローブの町のカモノハシ保護活動についてお話ししましょう。

ワラウィー森林保護区の「ワラウィー」とは、タスマニアアボリジニの言葉で「豊富さ」を意味する言葉だそうです。この森は、かつて自然の豊かな土地であり、水源地として保全されていました。しかし

１９６９年に始まった上流の水力発電によってマージー川の流量が減少し、環境の悪化が始まります。川の水はダムでせきとめられ、発電所を通って別の河川へと放水されるようになってしまったのです。80年代には水量が減った川に不法投棄されたゴミがあふれ、外来種のヤナギが生い茂る悲惨な環境へと変貌していました。本来ユーカリが生えているはずのオーストラリアの川辺でヤナギが繁茂すると、落ち葉の供給のバランスが崩れて水生昆虫の数が減り、それを餌にしているカモノハシもくらせなくなってしまいます。そうしてもともとマージー川にたくさんすんでいたカモノハシも、その数を減らしていったのです。

子どもの頃から森に親しみ、カモノハシを見つめてきたロンさんは心を痛めていました。そこで仕事の造園業の傍ら、森を再生させる活動を始めたのです。１９９１年のことでした。

最初、実働部隊は兄弟３人だけでした。ゴミを片づけ、ヤナギを切り、ブラックベリーなどの外来植物をとり除きます。そして在来種のユーカリを植えていったのでした。地道な活動によって、森は少しずつ本来の姿をとり戻していきました。ロンさんたちは、カモノハシのすむタスマニア本来の環境を再生させようとしたのです。

また、ロンさんたちは、その活動に共鳴した地域の人々や詩人、科学者らの協力を得て、上流のダムを管理する電力会社に粘り強く訴え続けました。その結果、99年にはダムから一定の水量を放流し、河川の流量を一定レベルまで復活させることを電力会社が決定します。川はかつてのような輝きをとり戻しました。１人の市民の思いと行動が、森と、町と、そして野生動物の直面していた危機的状況を変えたのです。何年もの年月が流れ、栄養塩を供給してくれる森と澄んだ水をとり戻した川で、カモノハシの数は4倍に増えたそうです。今では彼は造園業をリタイアし、毎日、森林保護区の管理をしています。

「カモノハシの都」というキャッチフレーズは最高でした。私もその言葉に魅かれてこの町に来たのですから。このキャッチフレーズは、ある調査結果によるとマージー川のカモノハシ生息密度がタスマニアのほかの地域の3倍であったことから、ロンさんが考えた名称だったそうです。しかし、彼らが最初に町に提案したときは却下されてしまいました。その後、タスマニア州都のホバートの研究者がそのキャッチフレーズを報告書に記述してくれて、町も公式に用いるようになったとのことです。そして、今は多くの賛同者が森を守ってくれています。ユーカリの木を植える植樹会には数百人の市民が参加するそうです。今やカモノハシは町のシンボルなのですから。

　ロンさんのお宅でＮＨＫのビデオを見た後に、ロンさんたちの活動に共鳴した歌手が提供してくれたという、ワラウィーの歌を聞かせてもらいました。歌を聞きながら辺りを眺めると、たくさんのカモノハシの置物に交じって、彼の業績に対し送られた賞の盾と、授賞式の写真がひっそりと置かれていました。最後に夜中まで長居してしまった私を、ロンさんは10年洗車していないという、トレードマークの赤いピックアップトラックで送ってくれました。砂埃にまみれた車は、自然を愛するおおらかな心の表れのように感じられたのでした。

　その後、現地の報道によると２０１６年にマージー川で洪水が発生し、カモノハシの生息地は大きなダメージを受けたようです。しかし、ロンさんは報道機関からの取材に対して楽観的なコメントを寄せていました。その言葉通り、カモノハシの数は徐々に回復しているようです。さまざまな困難はありますが、町の人たちに見守られながら、マージー川にはいつまでも、たくさんのカモノハシがくらし続けることでしょう。

# 私のカモノハシ研究の背景とこれから

あとがきにかえて

この本では、カモノハシの生物学から進化の歴史、発見の歴史、そして保護活動までお話ししてきました。カモノハシが途方もない年月を生き延びてきた秘訣や、カモノハシをとり巻く人々の歴史など、カモノハシの周辺にはさまざまな物語がありました。それらのお話が皆さんの興味を引き、またなんらかのインスピレーションにつながったとすれば、著者冥利に尽きます。

カモノハシにはまだ多くの残された謎があります。私自身、これからも進化学的なアプローチだけでなく、文化誌的なアプローチも用いてカモノハシの秘密に迫っていきたいと思っています。しかし、多忙な毎日に明け暮れるうち、いつ過労やなにかの事情で倒れるかわかりません。もしそうなったとしても、自分が集めてきた知識をどうにか世の中に残しておきたいと思い、今までのカモノハシ人生の集大成としてこの本を書かせていただきました。月並みな言い方で恐縮ですが、本書を刊行するにあたって、私の人生で関わりのあった数限りない方々にお礼を申し上げたいと思います。

### カモノハシ以外も含めた研究人生

ここで少しだけ、カモノハシ人生以外の私の研究人生も記したいと思います。私は博物館の標本を用いた研究を行っています。博物館には、動物園で毎日人間を眺めながらくらした動物たちや、道路で車にひかれるまで野山を駆け回っていた動物たちが骨になって眠っています。

標本になった動物たちは、一見するとなにも語らず、動かない物体です。けれど、標本庫には独特の空気感があります。その静寂さは、標本庫を荘厳な神殿であるかのように感じさせます。一方で、そこに漂うほのかな香りは、生命の名残を感じさせ、目の前に横たわる動物たちに温かいまなざしを向けたくなるような感情を沸き起こさせるのです。もう死んでしまった動物たちから、学術知という新たな「生」を生み出したい。標本を使った研究をすることを選んだ背景には、そんな思いがありました。自分が花咲か爺さんのようになる姿を夢見ていたのです。実際のところは、そんな希望通りにはなかなかうまくいきませんでした。

修士課程のころは賽の河原に石を積むような日々でした。仮説を立てては自らその仮説を崩す、そんな日々を過ごしました。そのように試行錯誤を繰り返した末、徐々に、鉱脈を掘り当てることができるようになっていきました。

第5章でもお話しした通り、私がこれまでメインテーマとしてきたのは食肉目哺乳類を中心とした歯の形態進化の研究でした。その研究では、相応に大きな成果を挙げることができました。食肉目哺乳類の食性適応のパターンを明らかにし、さらになぜ食肉目哺乳類がほかの肉食性哺乳類に比して繁栄できたかを、歯の発生のしくみの文脈で明らかにした進化に関する研究でしたが、別の意義もありました。博物館標本を用いた比較形態学と、ゲノムの情報、遺伝子改変マウスのデータを併用した研究で、生物多様性から得られたデータを基に、動物の発生学的なメカニズムを明らかにできるということを実践した研究でもあったのです。それは、生物学全般に対して、それまでになかった新たな手法を提供できたという、応用性のある成果だと自負しています。

その研究と相前後して、小さい頃から大好きだったカモノハシの研究も世に出すことができました。これらの論文は、なんの偶然か、同じ年、２０１６年に出版されています。この年、私はようやくカモノハシの人になれました。

大学院生になって名刺をつくるようになったとき、名刺には自分の描いたカモノハシの絵を入れました。いつかカモノハシの本を書きたい、いつかカモノハシの研究をしたいという思いをそこにこめました。とはいえ、学問的に重要な研究をしたいという思いも強かったので、カモノハシの研究が進んだのは、ある程度メインテーマの研究が進んだ後でした。それでも、幼い頃に自分の心をつかんだカモノハシに、自然と引き寄せられていきました。

研究というのは人間が行うものであるがゆえに、だんだんとその人らしいものになっていくと思うのです。そして、その人らしさが出るということは、その人のいちばん得意なことをしているということなので、その人が最高のパフォーマンスで社会に対して成果をもたらしていることにもなるはずです。何年か前、私が日本哺乳類学会から奨励賞をいただいた折の受賞記念の原稿にもそんなことを書いたのでした。その考えは今も変わっていません。

## 社会の中での研究

研究者はよく「好きなこと」をしているようにいわれます。確かに、好きなことを仕事の一部にしていることは確かです。しかし、それだけで日々は完結しませんし、それ以外の膨大な仕事が研究者にはあります。大学院生もプロの研究者も、自分の研究以上に、さまざまな公共のための仕事を負担しています。

科学というのは研究者コミュニティの共同作業であり、コミュニティの中の無償労働によって営まれている有機的な活動です。書き上げられた論文は、研究者がボランティアとして行う編集や、査読といった営みによって正確性や価値を担保され、世に出ます。その論文の追試を行い、内容を検証していくのもコミュニティの役割です。そして、誰かの誤りを見つけたときに、それを訂正するのも、また科学者の役割です。こうしたボランティア精神に依拠したシステムは、第6章で扱った、19世紀以前の上流階級の人々が趣味として科学を営んでいた時代からの伝統です。

このようなシステムは、職業として研究を営む人々が増えた現在では、一部に齟齬が生じ、己の利益のために研究データを捻じ曲げるといった研究不正も起こっています。しかし、そうした研究不正の多くは、最終的には発見されているといえるでしょう。その背景には、やはり善意の科学者たちの無償の活動があります。つまり、科学者コミュニティの善意とボランティア精神に頼るシステムは、今のところ機能しています。こうしてつくられ、維持されている知は出版物として発表されるほか、学会などからの提言や、大学教育、マスコミの取材、公的な審議会などへの研究者の参加といった形で社会に還元されています。また、私が大学院生時代に所属していた大学博物館のような組織であれば、未来に残すための標本作成や、その管理、動植物の調査、来館者への応対といった、さまざまな活動が付随します。

日本はこうした側面では決して豊かな国ではありませんから、公的な予算で十分な人材を雇用する力はなく、少なからず現場にいる人々のボランティア精神によって支えられています。もちろん、日本固有の事情を除いても、科学の本質が公共への奉仕であることは世界共通です。しかし、このような科学という営みの実態は、なかなか社会の中で理解されにくいものであるように感じます。

## 自分が死ぬかもしれないと感じたとき、思ったのは研究のこと

２０１６年の初頭、まだ冬の寒さが残る時期でした。当時はまだ三重大学に所属していました。学期が終わり、研究活動にエネルギーを割くことができるようになった頃合いで、私は予定を目一杯詰めこんで活動していました。大学の仕事のほか、自分の研究や、役割を分担していた共同研究、査読、当時面倒を見ていた学生の論文など、さまざまな仕事が山積していました。２週間ほど、体の調子がよくないと感じてもいました。

そのような折に、生まれて初めて死を意識するような体の不調に遭遇しました。倒れた瞬間には、親類が急死した一件を思い出し、もうこの世にいない祖父や、昔飼っていた犬たちのことが頭に浮かびました。家族や、当時の交際相手、研究室によく遊びに来てくれた学生たちのことが次々に思い出されて、自分がこのまま死んだとき、自分のことを覚えていてくれる人はいるのだろうか、そんなことを考えました。

そして、頭に去来したのは、未刊行の、自分が心血を注いできた研究と、その論文原稿の数々でした。倒れこんだ視線の先に、カモノハシのぬいぐるみがいました。まだだいじな論

文も出せていない、本も出せていない。生きたい、時間が欲しい、心の底からそう思いました。
幸い体の不調は長続きせずにすみました。後日病院で検査したところでは、体の異常は検出されず、おそらく、過労と体調不良、カフェインの大量摂取が相互作用した中毒症状だったようですが、無理はするものではありません。

余談ですが、人間は死が近づいたとき、そのことがわかるように思います。私に人としての生き方の多くを教えてくれたのは祖父ですが、祖父が旅立つ2週間前、聞きとれないような声で、自分の死期が近いことを語ったのでした。

私が幼い頃、祖父の家では犬を飼っていて、毎週のように祖父の家で犬と遊んでいたものでした。祖父は、犬をなつかせるのが得意でした。犬たちと祖父と私とは、一緒になって遠吠えをした仲でもありました。私が動物好きになったのは祖父のおかげでもあります。祖父の影響がなければ、私は動物の研究者にはならなかったかもしれません。

私はそのとき、祖父と思い出話をしたほか、弱気になっている祖父を元気づけようと、夏になったらひ孫たち（私の姪や甥）が来るよ、といった話もしました。そのとき、祖父はとても遠くを見つめるような目をしたのを覚えています。たった数か月先のことが、はるかに遠い手の届かないものだということを、祖父はわかっていたのでしょう。後から考えると、いうべきでないことをいったと思います。後日、姪甥をお墓に連れて行きました。はたさなければならないだいじな約束でした。

自分が死を意識したときに、心の底から、研究を進め、論文を出版するための時間が欲しいと願ったことは、その後の自分を奮い立たせる礎になりました。自分にとって優先すべきことが明確になったのです。２０１６年は体をだいじにしつつも、研究にエネルギーを注ぎ、10本の論文を通すことができました。その中には、本書で紹介したカモノハシの研究も含まれています。

## 研究の意義への疑問

しかし、その後、自分の研究の意義に疑問を抱いてしまうできごともありました。それは、母の病気でした。自分が何年もかけて積み上げてきた学識や、成し遂げてきた研究に無力さを感じました。私自身は、進化や動物の研究は、人類が今後永続するための知恵を得られる研究だと思っています。また、自分の研究は、手法面でも生物学全般にとって大きな意義があると思っています。けれども、目の前にいる、たいせつな人を助ける力がなに一つないのです。

自分にできることといえば、専門の学会が出した治療のガイドラインや、臨床研究の論文を読んだ上で、治療方針や薬を選ぶことのお手伝いくらいでした。専門医をしている大学時代の友人や、製薬会社の友人のアドバイスももらいつつ、さまざまな選択肢の中から、少しでもエビデンスのある、可能性のある方法を選んでいきました。

行ったのはいわゆる標準治療で、特別なものではありませんが、幸い、この原稿を書いている今現在、よい状態になっています。今後のことはわかりませんが、母に少しでも恩返しできたらと思っています。その昔両親が別れて、経済的に十分な環境でない中、母は、私が博士課程まで進学して研究の道に進むことを応援してくれました。思えば、私がこのような研究をできているのも、この本を書くことができているのも、すべては母のおかげです。この場を借りて、ありがとうと伝えたいと思います。

そんな経験から、それまであまり興味のなかった、医療というものにも目が向きました。新しい医療を求める人がいるということを、実感としてもてるようになったのです。それまで医学部や附属病院の方々とも共同研究してきましたし、現在は歯学部の学生を教える仕事もしています。しかし、患者の家族という立場を経験したことは、研究のモチベーションという側面でもいろいろな思いを私に抱かせたのです。じつは、私のこれまでの研究の中に、もしかすると医療にも応用できるかもしれない成果がありました。動物の進化の研究から得られた知見でしたが、それを進めていきたい気持ちも湧いてきたのです。応用に成功する可能性は必ずしも大きくはないのですが、試行錯誤してみようと考えているところです。

## カモノハシ研究の意義

カモノハシ研究の意義ってなんだろう、そんなふうに考えることもあります。カモノハシに関する新しい知識は、目の前の人の命を助けることはできません。言い訳じみた思いとしては、私のカモノハシの研究も、哺乳類の歯の研究も、学生への教育へと還元されています。また、研究成果自体も、社会の意識を変えることに役立っているのではないかと思うこともあります。カモノハシが、長年生きてこられた秘訣は、私たち人類が今後も栄え続けるためのヒントになる、そうも思います。

じつのところ、意義を考えることは難しいのです。研究する人間自身は、そこに山があるから登るかのような意識をもちます。先人たちが積み上げてきた知識の上に、その頂に建てるべき塔が見えたら、そこに向かっていきます。そして、一度建て始めた塔は、自分がやらなければはたせないものとなります。そして、その塔は、山の一部となり、いずれ誰かが築く別の山の土台となります。

生命にたとえたほうがしっくりくるかもしれません。自分が生み出した小さな芽は、だいじに育てていかないと消えてしまいます。けれども、その芽が育っていき、いつしか大きな森になったらと夢想するのです。現代社会でくらす人々の、日々のささやかな幸せを支えているのは、そうやって育った森なのです。私にできるのは、ただ目の前にある自分にできる仕事をして、森を育てることなのかもしれません。そして、森は次世代の研究者へと受け渡されていきます。もしかすると、その森からの収穫物が、未来の人たちを潤してくれることになるかもしれない、そんな思いも抱きながら。意志をもった1人の人間がよみがえらせた、タスマニア・ラトローブの町の、ワラウィーの森が思い浮かびます。

どのような論文も、人類の知識の一部となり、書いた人の名前でほかの人に引用され、また新たな知識を生み出すことに使われていきます。書いた人がいなくなったとしても、その人の名前と業績は論文として残り、人類の知識に融合して生きながらえていくのです。自分の仕事がきちんと残り、人類の共有財産となる。それは幸せなことだと思います。そして、そこから新たな知識や、応用や、人々の笑顔が生まれるかもしれないのです。

しかし、基礎科学の成果が人々のくらしの場に到達するまでは、どうしても間隙が生じます。それゆえに経済的な利益と直接には結びつかず、それを進める強い意志をもった人がいなければ進まない領域でもあるのだと思います。誰もやらないならば自分がやらなければ、そういう思いは、研究など、さまざまな活動を進める原動力の一つになっています。

## カモノハシ研究の未来

このように、私が研究しているのはカモノハシだけではありません。胸を張ってカモノハシを研究しているわけでもありません。けれども、いちばん心が躍るのはカモノハシの研究です。そこには解き明かすべき謎がたくさん残されています。

この本でも言及しましたが、現生単孔類の共通祖先がどのようなくらしをしていたのか、これは大きなトピックです。カモノハシの系統における電気感覚の発達も興味深いテーマです。新たな化石が見つかれば、オブドゥロドンからカモノハシへの進化において、歯が失われたときになにが起こったのか、詳細な検討ができるでしょう。また、単孔類の系統が我々の系統と分かれた後に平行進化したと思われる臼歯形態の複雑化がなぜ起こったのか、どのような発生学的なバックグラウンドをもっていたのか、テーマは数限りなくあります。

文化誌的な側面でも、カモノハシという生き物の創世神話や、先住民がカモノハシを利用してきた歴史はおもしろいテーマです。今は、日本に輸入されたカモノハシ標本の歴史といったものも調べています。戦前に動物標本社や島津製作所、山越工作所といった業者がカモノハシの剥製を販売しており、大学などに納めていたのです。この調査中に、自分が大学院生の頃に愛でていた、京都大学総合博物館収蔵のカモノハシ標本の販売時の広告を発見して、懐かしいカモノハシの来歴を知ることもできました。

　こうしたカモノハシの研究に加えて、学術的、社会的に意義のある研究業績も上げていきたいと思い、教育や校務に追われつつも、日々活動する毎日です。

　カモノハシに残された謎を解き明かす日々はこれからも続きます。もし、この本を読んでさらにカモノハシの謎や、ほかの動物の謎に興味をもった方がいらっしゃいましたら、ぜひ一緒にその謎を解き、人類の知識を広げる活動をしましょう。その先にはきっと、ラトローブの森のような、豊かですばらしい森が育つことでしょう。そして、木漏れ日が照らす水面にカモノハシが顔をのぞかせて、未知の姿を垣間見せてくれることでしょう。みなさんが一歩を踏み出してくれることを、心からお待ちしています。

2020年6月
夜更けにカモノハシのぬいぐるみたちに囲まれながら

浅原　正和

## 参考文献


Archer M. & Flannery TF. (1985) First Mesozoic mammal from Australia - An early Cretaceous monotreme. Nature 318: 363–366.
Asahara M., Koizumi M., Macrini TE., Hand SJ., & Archer M. (2016) Comparative cranial morphology in living and extinct platypuses: Feeding behavior, electroreception, and loss of teeth. Science Advances 2: e1601329
Ashwell KWS. (2012) Development of the Olfactory Pathways in Platypus and Echidna. Brain Behavior and Evolution 79:45–56.
Ashwell KWS. (2013) Neurobiology of Monotremes: Brain Evolution in Our Distant Mammalian Cousins. CSIRO publishing.
Augee ML. & Gooden BA. (1992) Evidence for electroreception from field studies of the echidna, *Tachyglossus aculeatus*. Pp. 211–215 in Augee ML. (ed.) Platypus and Ecidnas. Royal Zoological Society of New South Wales.
Bajdek P. et al. (2016) Microbiota and food residues including possible evidence of pre-mammalian hair in Upper Permian coprolites from Russia.
Bennett G. (1860) Gatherings of a Naturalist in Australia. The Currawong Press.
Bethge et al. (2009) Activity patterns and sharing of time and space of platypuses, *Ornithorhynchus anatinus*, in a subalpine Tasmanian lake. Journal of Mammalogy, 90: 1350–1356.
Bino G. et al. (2019) The platypus: evolutionary history, biology, and an uncertain future. Journal of Mammalogy 100: 308–327.
Burrell H. (1927) The Platypus: Its Discovery, Zoological Position, Form and Characteristics, Habits, Life History, etc. Angus & Robertson Ltd.
Cappellini E. et al. (2014) Resolution of the type material of the Asian elephant, *Elephas maximus* Linnaeus, 1758 (Proboscidea, Elephantidae). Zoological Journal of the Linnean Society 170: 222–232.
Czech-Damal NU. et al. (2011) Electroreception in the Guiana dolphin (*Sotalia guianensis*). Proceedings of the Royal Society B 279: 663–668.
Chudinov PK. (1968) Structure of the integument of theromorphs. Doklady of the Academy of Sciences, USSR, Earth Science section 179: 226–229.
Flannery TF., Archer M., Rich T., & Jones R. (1995) A new family of monotremes from the Createaceous of Australia. Nature 377: 418–420.
Fleay D. (1944) We Breed the Platypus. Boolarong Publications.
Fleay D. (1980) Paradoxical Platypus. The Jacaranda Press.
Furlan et al. (2010) High levels of genetic divergence between Tasmanian and Victorian platypuses, *Ornithorhynchus anatinus*, as revealed by mictosatellite loci. Conservation Genetics 11: 319–323.
Gongora et al. (2012) Genetic structure and phylogeography of platypuses revealed by mitochondrial DNA. Journal of Zoology 286: 110–119.
Grant T. (1989) Ornithorhynchidae. Pp. 436–450. In Walton DW. And Tichardson BJ. (eds.) Fauna of Australia.
Grant T. (2007) Platypus, Fourth Edition. CSIRO publishing.
Griffith M. (1978) The Biology of the Monotremes. Academic Press.
Grittiths et al. (1991) Observations of the skull of fossil and extant echidnas (Monotremata: Tachyglossidae). Australian Mammalogy 14: 87–101.
Griffith M. (1998) Platypus research 1798–1998. Philosophical Transactions of the Royal Society B 353: 1059–1061.
Griffiths, M. (1983). Lactation in monotremata and speculations concerning the nature of lactation in Cretaceous Multituberculata. Acta Palaeontologica Polonica 28: 1–2.
Jackson S. et al. (2001) Platypus *Ornithorhynchus anatinus*: Captive Husbandry Guidelines. Healesville Sanctuary.
Hawke T. et al. (2019) A silent demise: Historical insights into population changes of the iconic platypus (*Ornithorhynchus anatinus*).
Hoffman EA. & Rowe TB. (2018) Jurassic stem-mammal perinates and the origin of mammalian reproduction and growth. Nature 561: 104.
Holland N. & Jackson SM. (2002) Reproductive behaviour and food consumption associated with the captive breeding of platypus (*Ornithorhynchus anatinus*). Journal of Zoology, 256: 279–288.
Hughes RL. & Hall LS. (1998) Early development and embryology of the platypus. Philosophical Transactions of the Royal Society of London B 353: 1101–1014.
Hurum JH., Luo ZX., & Kielan-Jaworowska Z. (2006) Were mammals originally venomous? Acta Palaeontologica Polonica 51: 1–11.
Kemp TS. (2005) The Origin and Evolution of Mammals. Oxford University Press.
Kielan-Jaworowska Z. (1979) Pelvic structure and nature of reproduction in Multituberculata. Nature 277: 402–403.
Kita M. et al. (2009) Duck-billed platypus venom peptides induce Ca2+ influx in neuroblastoma cells. Journal of the American Chemical Society 131: 18038–18039.
Mirceta S., Signore AV., Burns JM., Cossins AR., Campbell KL., & Berenbrink M. (2013) Evolution of Mammalian Diving Capacity Traced by Myoglobin Net Surface Charge. Science 340: 1234192.
Kitazawa T., Takechi M., et al. (2015) Developmental genetic bases behind the independent origin of the tympanic membrane in mammals and diapsids. Nature Communications 6: 1–5.
Long J., Archer M., Flannery T., & Hand S. (2002) Prehistoric Mammals of Australia and New Guinea. University of New South Wales Press.
Luo ZX., Cifelli RL., & Kielan-Jaworowska Z. (2001) Dual origin of tribosphenic mammals. Nature 409: 53–57.
Luo ZX. (2007) Transformation and diversification in early mammal evolution. Nature 450: 1011–9.
Luo ZX. (2011) Developmental patterns in Mesozoic evolution of mammal ears. Annual Review of Ecology, Evolution, and Systematics 42: 355–380.
Macrini TE., Rowe T., & Archer M. (2006) Description of a Cranial Endocast From a Fossil Platypus, *Obdurodon dicksoni* (Monotremata, Ornithorhynchidae), and the Relevance of Endocranial Characters to Monotreme Monophyly. Journal of Morphology 1015: 1000–1015.
Manger PR., Hall LS., & Pettigrew JD. (1998) The development of the external features of the platypus (*Ornithorhynchus anatinus*). Philosophical Transactions of the Royal Society of London B 353: 1115–25.
Martin HC. Et al. (2018) Insights into platypus population structure and history from whole-genome sequencing. Molecular Biology

and Evolution 35: 1238–1252.
Moyal A. (2001) Platypus: The Extraordinary Story of how a Curious Creature Baffled the World. Allen & Unwin.
Musser AM. & Archer M. (1998) New information about the skull and dentary of the Miocene platypus *Obdurodon dicksoni*, and a discussion of ornithorhynchid relationships. Philosophical Transactions of the Royal Society of London B 353: 1063–79.
McKay HF., McLeod PE., Jones FF., & Barber JE. (2001) Gadi Mirrabooka: Australian aboriginal tales from the dreaming. Libraries Unlimited.
Nowak RM. (2018) Walker's mammals of the world. Johns Hopkins University Press.
Oftedal OT. (2002) The origin of lactation as a water source for parchment-shelled eggs. Journal of Mammary Gland Biology and Neoplasia 7: 253–266.
Pascual R., Archer M., Jaureguizer EO., Prado JL., Godthelp H., & Hand JS. (1992) The first non-Australian monotreme: an Early Paleocene South American platypus (Monotremata, Ornithorhynchidae). Pp. 1–14. In Augee ML. (ed.) Platypus and Echidnas. Royal Zoological Society of New South Wales.
Pascual R., Goin FJ., Balarino L., & Sauthier DEU. (2002) New data on the Paleocene monotreme *Monotrematum sudamericanum*, and the convergent evolution of triangulate molars. Acta Palaeontologica Polonica 47: 487–492.
Pettigrew JD. (1999) Electroreception in monotremes. Journal of Experimental Biology 202: 1447–1454.
Phillips MJ., Bennett TH., & Lee MSY. (2009) Molecules, morphology, and ecology indicate a recent, amphibious ancestry for echidnas. Proceedings of the National Academy of Sciences of the United States of America 106: 17089–94.
Pian R., Archer M., & Hand SJ. (2013) A new, giant platypus, *Obdurodon tharalkooschild*, sp. nov. (Monotremata, Ornithorhynchidae), from the Riversleigh World Heritage Area, Australia. Journal of Vertebrate Paleontology 33: 1255–1259.
Pian R., Archer M., Hand SJ., Beck RMD., & Cody A. (2016) The upper dentition and relationships of the enigmatic Australian Cretaceous mammal *Kollikodon ritchiei*. Memoirs of Museum Victoria 74: 97–105.
Pridmore PA., Rich TH., Vickers-Rich P., & Gambaryan PP. (2005) A Tachyglossid-Like Humerus from the Early Cretaceous of South-Eastern Australia. Journal of Mammalian Evolution 12: 359–378.
Pyron RA. & Burbrink FT. (2014) Early origin of viviparity and multiple reversions to oviparity in squamate reptiles. Ecology Letters 17: 13–21.
Rakick R., Rakick B., Cook L., & Munks S. (2001). Observations of a platypus foraging in the sea and hunting by a wedge-tailed eagle. The Tasmanian Naturalist 123: 2–4.
Reilly SM. & White TD. (2003) Hypaxial motor patterns and the function of epipubic bones in primitive mammals. Science 299: 400–2.
Reilly SM. & White TD. (2009) Breathing with your belly: abdominal exhalation, loco-ventilatory integration and size constraints on locomotion in small mammals. Zoology 112: 161–8.
Rich TH., Vickers-rich P., Trusler P., Flannery F., Cifelli R., Constantine A., Kool L., & Van Klaveren N. (2001) Brief report Monotreme nature of the Australian Early Cretaceous mammal Teinolophos. Acta Palaeontologica Polonica 46: 113–118.
Rich TH, Hopson JA, Musser AM, Flannery TF, Vickers-Rich P. (2005) Independent origins of middle ear bones in monotremes and therians. Science 307: 910–14.
Rich TH. et al. (2016) The mandible and dentition of the Early Cretaceous monotreme *Teinolophos trusleri*. Alcheringa: An Australasian Journal of Palaeontology, 40: 475–501.
Riedman M. (1990) The pinnipeds: seals, sealions, and walruses. University of California Press.
Rowe T., Rich TH., Vickers-Rich P., Springer M., & Woodburne MO. (2008) The oldest platypus and its bearing on divergence timing of the platypus and echidna clades. Proceedings of the National Academy of Sciences of the United States of America 105: 1238–42.
Sigogneau-Russell D. (1989) Theriodontia I: Phthinosuchia, Biarmosuchia, Eotitanosuchia, Gorgonopsia. Lubrecht & Cramer Ltd.
Sulej T. & Niedźwiedzki G. (2019) An elephant-sized late Triassic synapsid with erect limbs. Science 363: 78–80.
Sutherland SK. & Tibballs J. (2001) Australian animal toxins: the creatures, their toxins, and care of the poisoned patient. Oxford University Press.
Warren WC. et al. (2008) Genome analysis of the platypus reveals unique signatures of evolution. Nature 453: 175–183.
White TD. (1989) An analysis of epipubic bone function in mammals using scaling theory. Journal of Theoretical Biology 139: 343–357.
Whittington C. & Belov K. (2007) Platypus venom: a review. Australian Mammalogy 29: 57–62.
Woodburne MO. & Tedford RH. (1975) The first Tertiary monotreme from Australia. American Museum Novitates 2588: 1–11.
Zeller U. (1989) Die Entwicklung und Morphologie des Schädels von Ornithorhynchus anatinus (Mammalia: Prototheria: Monotremata). W. Kramer.
Zhou C. et al. (2019) New Jurassic mammaliaform sheds light on early evolution of mammal-like hyoid bones. Science 365: 276–279.

浅原正和（2015） 江戸時代の本草書に垣間見える、たぬき・むじな事件の源流．たぬき道 70–71：12–19.

浅原正和（2017） オーストラリアの“カモノハシ外交”を概観する：第二次世界大戦から現在まで．　三重大学教養教育機構研究紀要 2: 1–17.

今泉吉典・小原秀雄（1966） 世界哺乳類図説：単孔目・有袋目．新思潮社．

遠藤秀紀（2002） 哺乳類の進化．東京大学出版会．

小山慶太（1997） 道楽科学者列伝―近代西欧科学の原風景．中央公論社．

金子隆一（1998） 哺乳類型爬虫類―ヒトの知られざる祖先．朝日新聞社．

倉谷滋（2017） 新版　動物進化形態学．東京大学出版会．

倉谷滋（2016） 分節幻想―動物のボディプランの起源をめぐる科学思想史．工作舎．

竹田いさみ（2000） 物語　オーストラリアの歴史：多文化ミドルパワーの実験．中央公論新社．

冨田 幸光（2011） 新版　絶滅哺乳類図鑑．丸善．

西村三郎（1999） 文明のなかの博物学―西欧と日本　上・下．紀伊國屋書店．

疋田努（2002） 爬虫類の進化．東京大学出版会．

## ※ 2024 年 5 月増刷時の追加文献

Chimento N.R. et al. (2023) First monotreme from the Late Cretaceous of South America. Communications Biology 6: 146.
Flannery T.F. et al. (2022) A review of monotreme (Monotremata) evolution. Alcheringa: An Australasian Journal of Palaeontology 46: 3-20.
Harano T., Asahara M. (2022) The anteriorization of tooth position underlies the atavism of tooth morphology: insights into the morphogenesis of mammalian molars. Evolution 76: 2986–3000.
Harano T., Asahara M. (2023) Revisiting the evolutionary trend toward the mammalian lower jaw in non-mammalian synapsids in a phylogenetic context. PeerJ 11: e15575.
Hüttner T. et al. (2023) Passive electroreception in bottlenose dolphins (*Tursiops truncatus*): implication for micro- and large-scale orientation. Journal of Experimental Biology 226: jeb245845.
Itoigawa A. et al. (2022) Functional diversity and evolution of bitter taste receptors in egg-laying mammals. Molecular Biology and Evolution 39: msac107
Sakamoto S. et al. (2024) Color vision evolution in egg-laying mammals: insights from visual photoreceptors and daily activities of Australian echidnas. Zoological Letters 10: 2.
Zhou Y. et al. (2021) Platypus and echidna genomes reveal mammalian biology and evolution. Nature 592: 756–762.

# Fact Sheet

カモノハシ　ファクトシート

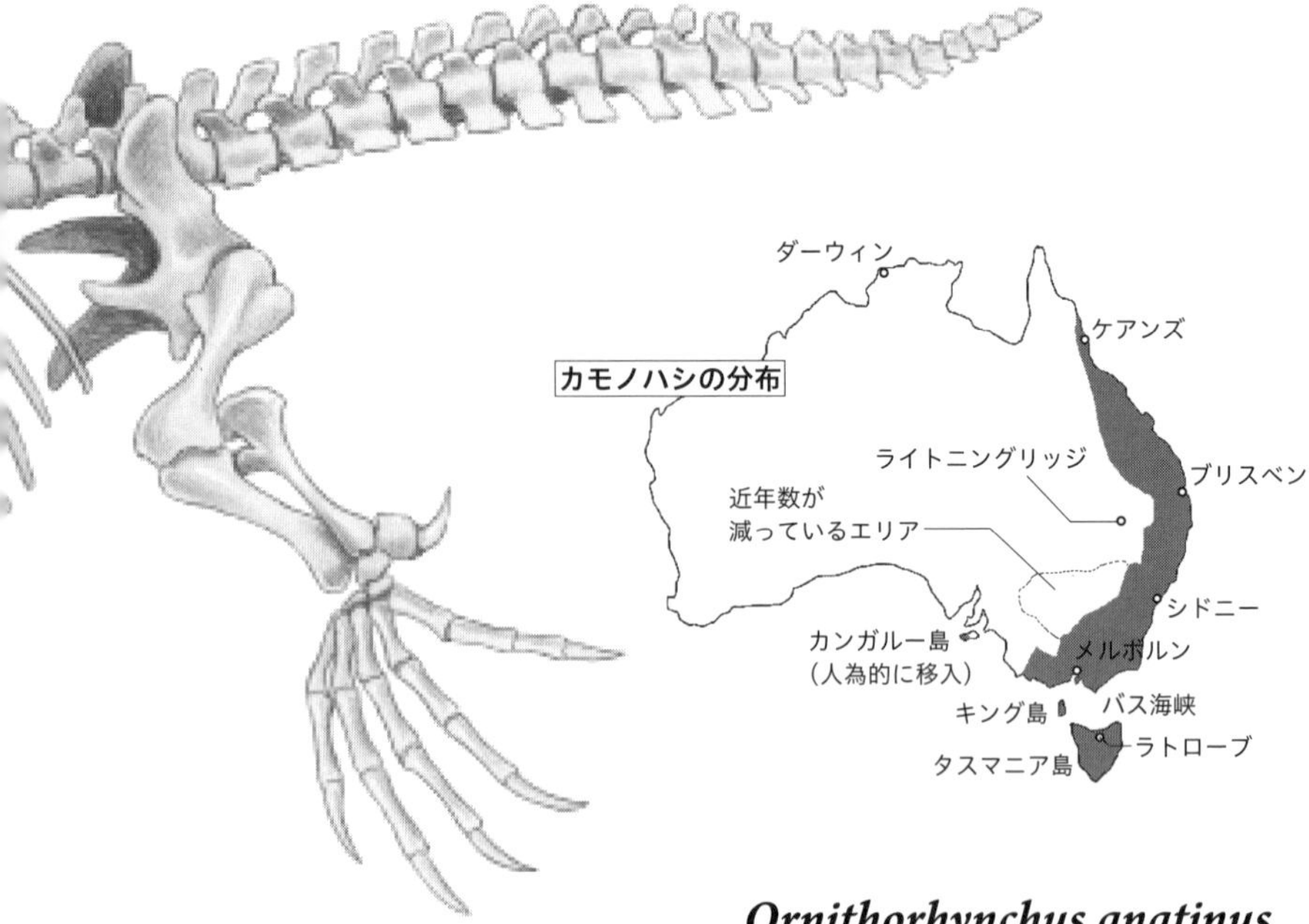


## *Ornithorhynchus anatinus*

| | |
|---|---|
| **体長** | オス：40 〜 63cm　メス：37 〜 55cm |
| **体重** | オス：800 〜 3000g　メス：600 〜 1700g<br>700 〜 1100g（クイーンズランド州）<br>1200 〜 3000g（タスマニア島）<br>※体長はオスのほうが 15%程度長く、体重も 40%ほど大きい |
| **寿命** | 20 年以上<br>野生下で 25 年生きていた記録があるが、<br>通常は 6 〜 15 年であるようだ |
| **妊娠期間** | 約 21 日（飼育下：15 〜 21 日、野外：27 日という報告もある） |
| **抱卵期間** | 10 日 |
| **授乳期間** | 3 〜 4 か月 |

# *Ornithorhynchus anatinus*

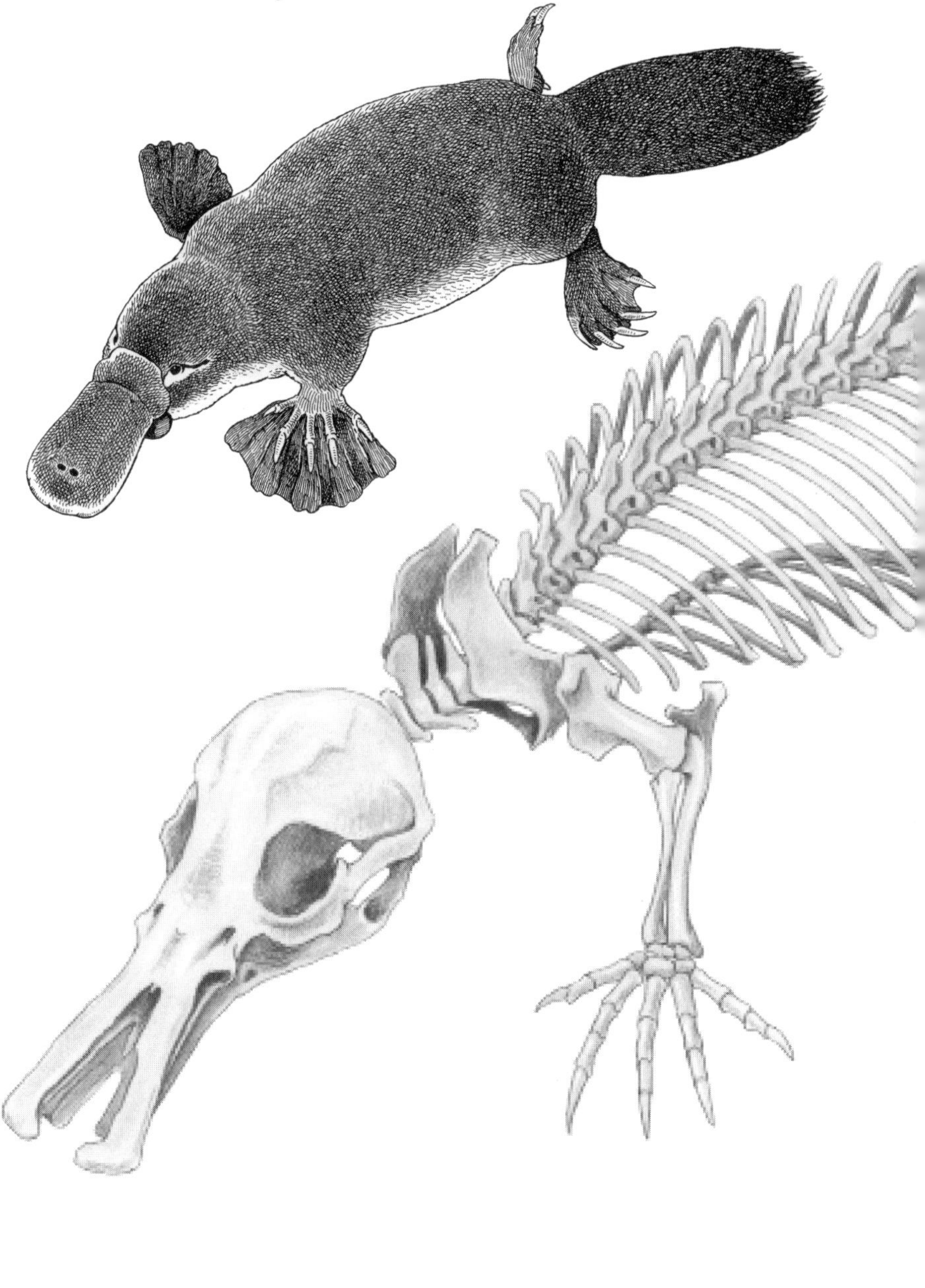

**浅原 正和**（あさはら・まさかず）

幼い頃からのカモノハシ好きが高じて、カモノハシなど哺乳類のかたちの進化を研究しています。頭の骨や歯のかたちの進化が専門です。
京都大学大学院理学研究科修了、博士（理学）。現在、愛知学院大学で生物学を教えています。 専門はこの通り生物学分野ですが、カモノハシ好きのせいで専門を飛び出してオーストラリアが行ってきた“カモノハシ外交”の歴史を調べたりもしています。 2016 年日本哺乳類学会奨励賞、2019 年日本進化学会研究奨励賞受賞。

装画……………………………… 箕輪 義隆
イラスト ……………………… マカベアキオ　箕輪 義隆　浅原 正和
写真……………………………… 浅原 正和　川嶋 隆義
写真協力 ……………………… ミュージアムパーク茨城県自然博物館　Australian Museum
装幀・造本 …………………… 椎名 麻美
編集……………………………… 川嶋 隆義、寒竹 孝子（STUDIO PORCUPINE）

生物ミステリー
カモノハシの博物誌《はくぶつし》
ふしぎな哺乳類《ほにゅうるい》の進化《しんか》と発見《はっけん》の物語《ものがたり》

発行日　2020 年 7 月 25 日　初版　第 1 刷発行
発行日　2024 年 6 月 22 日　初版　第 2 刷発行

著者……………………………… 浅原 正和
発行者 ………………………… 片岡　巌
発行所 ………………………… 株式会社技術評論社
東京都新宿区市谷左内町 21-13
電話 03-3513-6150 販売促進部　03-3267-2270 書籍編集部
印刷・製本 …………………… 大日本印刷株式会社

定価はカバーに表示してあります。


造本には細心の注意を払っておりますが、万一、乱丁（ページの乱れ）や落丁（ページの抜け）がございましたら、小社販売促進部までお送りください。送料小社負担にてお取り替えいたします。
ISBN978-4-297-11512-8 C3045　Printed in Japan